菜鸟轻松拿

Offer

软件测试工程师面试秘笈

杨定佳 陈 辑 编著

清华大学出版社

北京

内 容 简 介

本书根据编者多年测试实践与面试官经验，使用实用、接地气的描述，详细地介绍软件测试工程师求职面试的方方面面，主要内容分为分 5 篇：第 1 篇为"识篇"，带领读者认识面试、了解面试。第 2 篇是"礼篇"，从面试前、中、后介绍应该注意的礼节，以提高面试成功率。第 3 篇为"技篇"，求职者在应对时可以采用适当技巧使聊天更易推进、彼此相处更融洽。第 4 篇为"术篇"，对测试专业知识进行介绍，主要讲解面试官考察的技能方向和具体考察的内容。第 5 篇为"战篇"，提供数百道面试真题，便于读者实战摸拟。

本书非常适合应届毕业生或想转行进入软件测试行业的新人阅读，可以帮助求职者掌握面试中的技能技巧，提高面试通过率；同时对于从事测试方面工作的面试人员、HR 也有一定的参考价值。

图书在版编目（CIP）数据

菜鸟轻松拿 Offer：软件测试工程师面试秘笈/杨定佳，陈辑编著.—北京：清华大学出版社，2021.9

ISBN 978-7-302-59177-1

Ⅰ．①菜… Ⅱ．①杨… ②陈… Ⅲ．①软件—测试 Ⅳ．①TP311.55

中国版本图书馆 CIP 数据核字（2021）第 191975 号

责任编辑：王金柱
封面设计：王　翔
责任校对：闫秀华
责任印制：朱雨萌

出版发行：清华大学出版社
　　　　　网　　　址：http://www.tup.com.cn，http://www.wqbook.com
　　　　　地　　　址：北京清华大学学研大厦 A 座　　　　邮　　编：100084
　　　　　社 总 机：010-62770175　　　　　　　　　　　邮　　购：010-62786544
　　　　　投稿与读者服务：010-62776969，c-service@tup.tsinghua.edu.cn
　　　　　质量反馈：010-62772015，zhiliang@tup.tsinghua.edu.cn
印 装 者：三河市君旺印务有限公司
经　　销：全国新华书店
开　　本：180mm×230mm　　　　印　　张：16　　　　字　　数：358 千字
版　　次：2021 年 11 月第 1 版　　　印　　次：2021 年 11 月第 1 次印刷
定　　价：79.00 元

产品编号：093372-01

前　　言

笔者从事软件测试行业多年，每当看到身边的同事面试受阻都会产生些许思量。每次和身边的测试人员聊起面试都会有些感想，每每记录一次面试都会感叹一声"xx 错误不应该出现"等（都是经常会遇到的问题或面试应该注意的常识问题），久而久之便产生了总结面试经验并分享给身边朋友的想法。直至 2020 年，随着 IT 行业不景气、业务下滑、公司人员优化、招聘网站职位数量下降、测试岗位难找、面试难度加大等一系列问题的出现，笔者终于下了决心，要对测试人员面试理解、礼貌言行、问题应对、技能技巧、实战真题进行总结，希望每一位测试人员正确看待面试，找到心仪的工作。

自 2020 年，笔者开始着手收集资料，寻问多位测试"大咖"，咨询近百位测试"小白"，至 2021 年，经过一年多的整理修正，本书终于完稿了。

通过阅读本书，初入门的测试人员不需要再花费大量时间搜索面试题即可解决面试时不知道该如何准备、如何面对的问题。总之，希望各位读者通过阅读本书能有所收获。

本书结构

本书从认识面试开始，继而介绍面试时需要注意的礼仪、与面试官交谈中注意的技巧，而后介绍测试人员需要掌握的专业知识、列举常见的面试题，最后以真题训练结束。全书共分为 5 篇 20 章。各篇章的主要内容如下：

- 第 1 篇为"识篇"，带领读者认识面试、了解面试。

  - 第1章 介绍什么是面试，面试的目的和流程，以及测试人员如何获取招聘信息。
  - 第2章 在面试之前需要了解面试的岗位（从公司和具体岗位两方面进行了解）。
  - 第3章 指导求职者如何准备一份能获取HR（人力资源）芳心的简历。
  - 第4章 建议求职者学会总结，对面试进行复盘。

- 第 2 篇是"礼篇"。国人素来重视礼仪，面试是一项严肃的社交活动，重视礼仪很容易受到对方的青睐，提高面试成功率。本篇从面试前、中、后介绍应该注意的礼节。

- ◆ 第5章 介绍在投递简历后，HR联系时应该以什么样的礼貌来交流。
- ◆ 第6章 在面试前如何准备，要打有把握的仗。
- ◆ 第7章 讲解与面试官交谈时如何优雅地保持交流，在愉悦中完成面试。
- ◆ 第8章 指导求职者面试结束后应该注意的礼节。

- 第 3 篇是 "技篇"。面试仅是一场茶话会，求职者在应对时可以采用适当技巧使聊天更易推进，彼此相处更融洽。

  - ◆ 第9章 介绍一些微表情控制，除了使用语言外还可以使用肢体动作。一个动作，不用说出来，就能传递给面试官某些具体的含义。
  - ◆ 第10章 告诉求职者面试需要注重的细节，用细节打动面试官。
  - ◆ 第11章 对求职者的逻辑思维训练，包括用笔写、用语言表达、思维推理三个方面。
  - ◆ 第12章 身处IT职场，应该具备一定的职业修养，承担相应的责任。

- 第 4 篇为 "术篇"，对测试人员的专业知识进行介绍，主要讲解面试官考察的技能方向和具体考察的内容。

  - ◆ 第13章 测试基础内容，从计算机基础到测试理论、数据库的操作、操作系统的使用、简单的编程，以及团队组织架构和工具的使用。
  - ◆ 第14章 主要介绍Web端和手机端App的黑盒测试。
  - ◆ 第15章 从API自动化、UI自动化和App自动化三个方面详细介绍自动化测试的考察点。
  - ◆ 第16章 讲解性能测试中需要注意的一些知识点。在测试面试中，性能是永远绕不开的话题，或浅或深，或多或少。
  - ◆ 第17章 简要地介绍持续集成。作为测试人员，持续集成和集成工具是需要掌握的，便于测试工作的迭代。
  - ◆ 第18章 经常会被面试官涉及的一些问题。

- 第 5 篇为 "战篇"，进行模拟实战。

  - ◆ 第19章 总结诸多面试官是如何进行筛选人员的，以助求职者更好地掌握筛选标准。
  - ◆ 第20章 模拟面试题，从HR、笔试题、技术面试三个方面进行模拟试题，让求职者更加真实地体验面试难度和广度。

适合读者

- 本书以测试基础知识为主，非常适合应届毕业生、初入门软件测试的人员。
- 对于转行进入测试行业的人员，本书也非常适合。
- 本书也可用于教材，指导测试人员找工作，与面试官进行交流。
- 作为一本参考书，也适合面试官阅读，以便于对求职者进行筛选。

本书特色

- 实用，接地气。
- 总结面试经验，引出实用技巧，帮助读者提高面试成功率。
- 融入百位测试人员的面试总结。
- 示例丰富，每一个面试点都有对应的示例。
- 对立角度解析，从面试者和面试官两方面对问题进行解析。
- 形色兼具，外在优雅与内在实力相结合，征服面试官。

致谢

在编写本书的一年中，得到了很多朋友、同事、同学的支持，在此诚挚地对你们说一声："谢谢"。

很多网上的朋友，通过论坛、博客、Email 等方式也给了很多宝贵的意见，在此也对你们说一声："谢谢"。

感谢麦苗 V 课的老师们，你们提供了大量的资料，介绍了许多测试大 V，给了许多帮助，使本书完成得非常顺利。

感谢清华大学出版社的王金柱老师，从开始到结束一直给笔者鼓励。

另外，本书中小部分案例和问题来源于网络中的无名英雄，无从追寻出处，在此对这些幕后英雄致以崇高的敬意。

因笔者能力有限，书中难免存在疏漏，如果读者存在求职困惑或是对本书中的内容存在异议，请发送邮件至 booksaga@126.com，邮件主题为"菜鸟轻松拿 Offer：软件测试工程师面试秘笈"。

编　者
2021 年 10 月

目　　录

第1篇　识　　篇

第2篇　礼　　篇

第 3 篇 技 篇

第 4 篇 术 篇

第 5 篇　战　　篇

识 ◈ 篇

第 1 章

认 识 面 试

人生处处都需要面试，幼儿园升小学需要面试，小学升初中需要面试，考研究生需要面试，考公务员也需要面试……不过人们常说的面试更多的是指求职者应聘某工作岗位，从而进入企业工作的一种测试，这种测试广义上一般包含笔试、面谈和心理测评等环节。本章将从面试是什么、面试流程和招聘信息来源三个方面为大家进行介绍。

1.1　面试是什么

面试是企业与应聘者进行交流的一个过程，促使双方精确地做出聘用或受聘的决定。企业通过答题、面谈或线上交流（视频、电话）的形式来考察一个人的工作能力与综合素质，通过面试初步判断应聘者是否可以胜任岗位并且融入自己的团队。应聘者通过作答、交流的形式获取企业团队的文化、愿景、价值观、岗位要求、技能匹配度等信息，而后决定是否加入此团队。

1.1.1　面试目的

面试的主要目的有两点：一是企业考察应聘者的能力，二是应聘者获取企业的信息。面试的终极目标是双方相互认可，达成合作意愿，从而签订劳动合同。

（1）企业考察应聘者

- 考察应聘者的工作期望。
- 考察应聘者的知识储备、工作经验、工作能力。
- 考察应聘者的语言表达、逻辑思维、应变、问题解决等多项能力。
- 考核应聘者的仪表、礼貌、性格等。
- 考核简历或笔试中难以获得的其他信息。

（2）应聘者获取企业信息

- 获取企业的薪酬体系、相应岗位支付的报酬。
- 获取企业的发展历史、文化价值、企业愿景、组织规模等。
- 获取企业在行业内的口碑、地位、竞争对手等。
- 获取所在团队的工作时间、项目进展、人员结构、工作内容、薪酬福利等情况。
- 了解公司的其他信息，比如公司发展规划、晋升渠道、对提升员工能力的规划。

1.1.2　面试形式

面试的形式是多种多样的，根据交流的方式可以分为书面互动、面对面交流、线上交流（电话、视频等）。书面互动通过笔试、采集信息等方式获取相关内容；面对面交流又可称为线下交流，应聘者与面试官面对面进行沟通，也是最常用的一种方式；线上交流是由于距离远或其他因素（例如 2020 年的新冠疫情）的影响，不能进行线下面对面交流而采用的一种线上面试的形式。

根据面试人员的数量可以分为一对一、一对多、多对一、多对多。一对一指的是面试官和应聘者都是一个人，多为招聘较低职位员工时采用，是最普遍、最基本的一种面试方式；一对多是指面试官一个人，但应聘者有多个人，为了节省时间，让多个应聘者组成一组，由一个面试考官进行测试；多对一是指面试官有多个人，但应聘者只有一个人，是 BAT 内部员工晋升面试时常用的一种形式，也是毕业答辩常采用的形式；多对多指的是面试官和应聘者都是两个人以上，让多个应试者组成一组，由数个面试考官轮流提问。

根据面试中具体的互动方式又可分为客观测试、问题式、压力式、情景式、综合式。

- 客观测试：通常是在笔试中进行，包括人格测试、智力测试、推理测试和专业测试等。
- 问题式：通常是一问一答，面试官根据自己预先准备的大纲进行问题提问，应聘者进行作答。这是我们看到的最多的一种方式。
- 压力式：面试官对应聘者进行施压，观察应聘者在特殊压力下的反应、应变能力。例如，面试官对某一问题不断地进行深入追问，直至应聘者无以应对。

- 情景式：多考察应聘者分析问题、解决问题的能力。由面试官随机给定一个场景，应聘者对场景进行分析，而后给出自己的结论。
- 综合式：考察的范围比较广，花样也比较多，例如使用英文进行自我介绍。

目前来说，测试工程师在应聘岗位中最普通、常见、简单的是一对一的形式，采用的是问题式，中间穿插压力式、情景式、综合式等方式。面试官处于主动提问位置，根据应聘者的回答以及肢体语言、礼貌态度、表情情绪等反应对应聘者做出综合评价。应聘者处于被动回答。对于一些高级职位的面试，比如测试部部长，多采用的是多对一、互相提问、互相作答的形式。

1.2 面试流程

面试整个流程是由人事部门 HR 发布招聘信息开始的，应聘者查找到招聘信息后投递简历，HR 筛选简历后电话沟通，发出面试邀约，到了约定时间进行笔试、初试、复试，如果面试通过则沟通薪资待遇等情况，最后发放 offer，等待入职，到此面试结束。下面参考图 1-1 面试流程图对面试流程中的各个步骤进行说明。

（1）发布招聘信息：当有部门存在人员需求后，向上级领导进行汇报，上级领导同意后通知人事部门发布招聘信息（通常包含工作职责、岗位要求、福利待遇等内容）。

（2）投递简历：简历（在第 3 章中会详细介绍）是应聘人员的一份敲门砖，包含应聘者应聘的岗位、基本信息、工作经历、掌握的技术栈等信息。

（3）简历筛选：HR 通过简历筛选出符合招聘要求的人员。

（4）邀约面试：对于符合招聘信息的人员，HR 会通过聊天工具或电话进行简单的沟通，然后发出面试邀约，约定面试时间、地点。

（5）人事面试：HR 对应聘者做一个基本了解，包括基本信息、性格分析、工作稳定性等。

（6）笔试：笔试不一定有，如果有，一般有两种情况，一种是纯技术的笔试题测试，另一种是性格分析、逻辑思维的考核，大多数是技术和逻辑分析综合测试。

（7）技术面试：技术面试是最重要的环节，通常会有 2～3 次面试，面试官一般由技术能力强的人员和团队 PM（产品经理）进行。

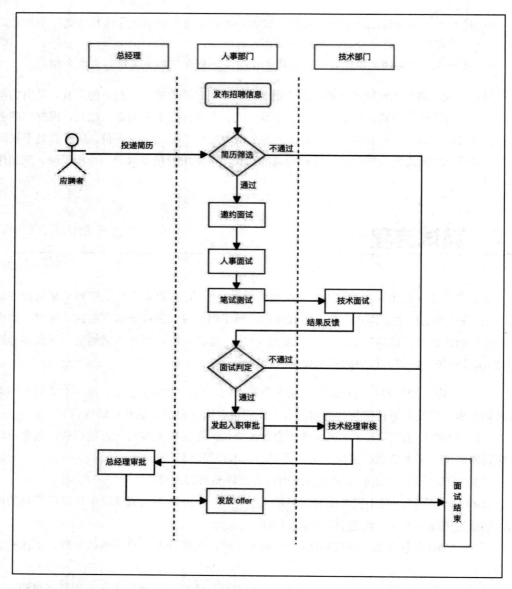

图 1-1　面试流程

（8）入职审批：当各种面试都通过后，HR 会对人员进行审核和背景调查，包括学历确认、工作经历等。然后发起入职审批，由相关部门的各级领导进行审批。

（9）发放 offer：各级领导审批通过后，HR 对应聘者发放 offer，约定入职时间，说明需要准备的入职资料。

1.3 招聘来源

招聘来源是指应聘者查找岗位需求和企业发现合格员工的途径和地方。来源既可以是内部招聘,也可以是外部招聘。内部招聘指的是在单位出现职务空缺后,从单位内部选择合适的人选来填补这个位置。外部招聘是从组织外部招聘德才兼备的人员加盟进来,通过推荐、宣讲会、招聘网站等方式发布招聘信息,从而获取合格的人员。外部招聘可以从新加入的员工身上获取不同的价值观和新观点、新思路、新方法,同时也是一种有效的信息交流方式,宣传公司的平台,企业可借此树立积极进取、不拘一格、锐意改革的良好形象。接下来对几种招聘来源进行详细说明。

1. 内部招聘

内部招聘通常指的是提拔晋升、工作调换、工作轮换、人员重聘。企业在内部公开空缺职位,吸引员工来应聘,使员工有一种公平合理、公开竞争的平等感觉,这样有利于调动员工的积极性和吸引外部人才,员工更加努力奋斗,也利于被聘者迅速展开工作,为企业的发展增加积极的因素。

2. 内推

内推是企业一种比较新颖的招聘方式,是通过内部员工推荐人员来应聘,绕过猎头公司、招聘网站等中间步骤,可以使专业人才高效、自由地流动。一般来说,内推是熟人介绍,更有亲切感,推荐的人员更稳定、可靠。通过此方法会使招聘高效、对等、更有情感。因此,许多公司都积极鼓励员工进行人员内推,也都设有一定的内推奖励机制。

对于求职者,如果求职时有内部员工进行推荐,就会增加几分胜算,也更容易获取企业的内部情况,例如加班情况、职位晋升等。对于内部推荐,真实度比较高。如果求职者有看好的企业,可以从朋友、同学、前同事等方面进行了解,也可以加入一些技术交流群,关注一些企业人员的公众号、博客、开源项目等,一旦发现有相关招聘发布,即可联系相应的人员进行详细询问,获取内推资格。图 1-2 就是某公众号发布的字节跳动内推信息。

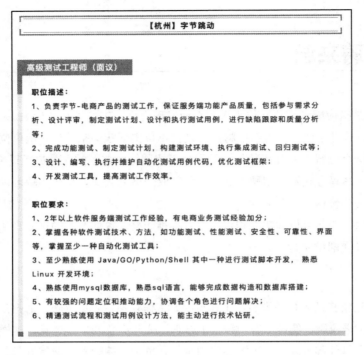

图 1-2 某公众号发布的字节跳动内推信息

3. 宣讲会

宣讲会主要是针对应届毕业生进行的人员招聘。企业进入校园，与毕业生进行交流。对于企业来说通过宣讲会可以达到宣传公司、提升形象的目的，在校招过程中通过造势达到招揽人才的作用，使更多优秀的人员加入企业。对于应届毕业生来说，可以与企业进行面对面的沟通，初步了解企业，找到优秀的一方面，也节省查找企业信息的成本。对于出入社会的学生更是一个学习机会，能对企业、行业了解得更多一些。

如果想获取企业宣讲会信息，可以关注希望入职企业的官方网站动态，会有具体的时间和地点。也可以关注一些应届生求职招聘网站，例如应届生求职、海投网校园招聘查询系统、牛客网名企招聘日程等。图 1-3 所示为海投网校园招聘查询系统。

4. 招聘网站

招聘网站是企业进行社招常用的一种招聘平台。企业通过招聘网站发布岗位需求，求职者通过招聘网站获取岗位需求，而后投递简历，与企业 HR 进行沟通。招聘网站扮演着连接招聘企业与求职者桥梁的角色。

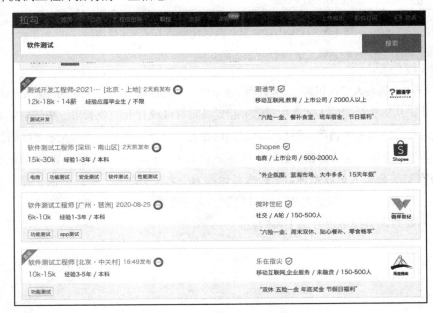

图 1-3　海投网校园招聘查询系统

招聘网站有很多，也基本类似，例如拉勾网、BOSS 直聘、智联招聘等。招聘平台可以为求职者提供更好的职业机会，与此同时，也要提防虚假招聘信息。图 1-4 所示是拉勾网发布的软件测试工程师招聘的一些信息。

图 1-4　拉勾网发布的软件测试工程师招聘信息

求职者也可扩大搜索面，对于测试人员也可关注博客园、CSDN、TesterHome、测试窝等技术分享网站，在技术网站中企业也会发布招聘信息。图 1-5 所示便是 TesterHome 发布的软件测试工程师招聘的一些信息。

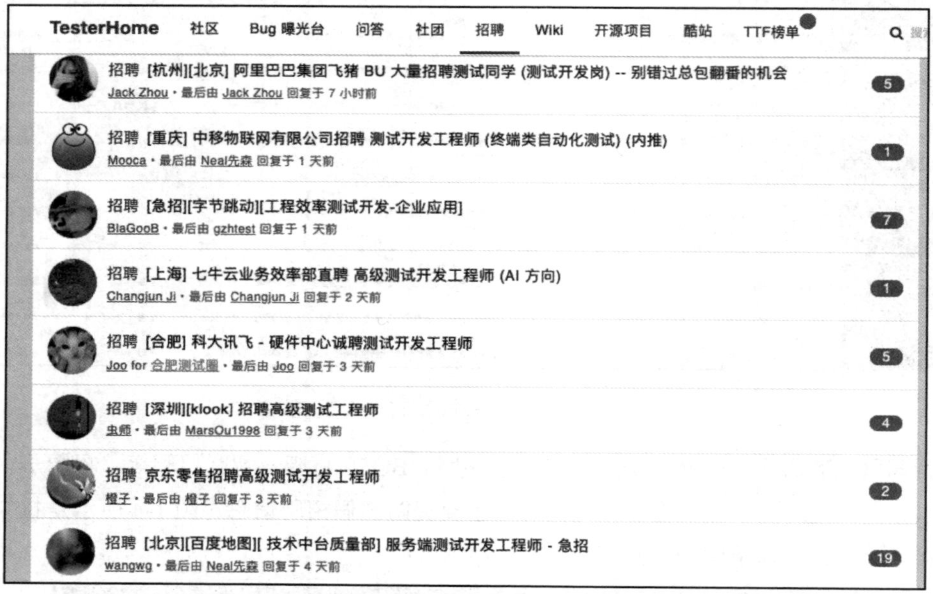

图 1-5　TesterHome 发布的软件测试工程师招聘信息

5. 猎头

对于一些中高端人才，很难从招聘网站寻觅到有用的信息。这时企业就会委托一些猎头公司挖掘人才。从猎头公司的人才库中筛选并指定特定区域或行业的兼职猎手和信息采集顾问，针对性地进行广泛的人才访寻，然后认真仔细地甄选、测评、调查，确保人才的准确性和适合性。猎头对于适合的人选以保密报告的方式提交给客户，并安排候选人接受客户的面试。

如果有猎头公司人员联系你，那么恭喜你成为一名优秀的人，被某个企业看中了。猎头公司都是收费服务的，一般通过猎头公司猎聘的人员都是行业实力比较强悍的人，当然委托的企业对需要的人员待遇也会是丰厚的。

第 2 章

了 解 岗 位

知己者，知彼者，战则胜。在去面试一家公司前，需要对此公司有多多少少的了解，对所应聘岗位有所掌握，还可通过公司的情况分析自己的发展前景。做充足的准备，可以提高面试的成功率，也是对自己负责。

2.1 了解面试公司

一般情况下，在面试之前需要对应聘的企业有所了解，可能有人会问：一家企业那么大，需要了解的信息那么多，我该怎样去了解，总不能所有的都去看一遍吧？当然不需要，也不可能所有的内容都看一遍，但是可以有重点、有类别地去掌握。作为软件测试工程师，可以从以下几个方面查找资料。

1. 企业概况与企业文化

企业概况可以从企业官方网站获得，包括简介、历史、规模、性质、愿景等。通过这些基本信息，再综合自己的实力、定位和兴趣判断是否值得加入。除此之外，还可以通过天眼查对公司的项目品牌、法定代表人、成立时间、公司发展、经营范围等信息有所掌握。这些都是客观的信息，很容易获取到。

可以通过百度知道、知乎、搜狗问问、脉脉、360 问答等平台搜索企业的关键字或品牌进行查找，得到内部员工、网友对该企业的一些感受和评价。如果有认识的人在企业内，可以直接询问一些情况。总之，要想尽一切办法更多地去了解，多多掌握，多多受益。

2. 企业所属行业

为什么要了解企业所属行业？一方面，可以对行业内的其他公司、竞争对手有所了解、对企业在行业中的地位、口碑有所掌握；另一方面，对自己的长期职业负责，在选择行业时尽可能选择朝阳行业，而不是夕阳行业，要与自己的职业规划相符合。

3. 企业的组织架构和团队

了解企业组织架构有利于判断企业的管理特征。如果一家公司的管理架构层级比较少，意味着管理更加扁平化，很有可能是以业务为中心，而不是以人为中心。这也是互联网公司非常典型的特征。

了解团队，更多的是了解应聘岗位的团队，通常来说测试工程师属于技术开发部或测试部门。需要注意的是部门的一些特殊要求、人员构成、工作性质、岗位培训及晋升渠道。从人员构成中了解人员素质和技术能力，从而判断自己所处的位置，是否可以承担挑战性的工作；从工作性质可以判断出工作的构成及内容；从岗位培训可以看出公司对员工素质的提高和在人力资源上的投资战略；晋升渠道涉及个人的职业规划和自身的发展，体现出制度的公正、合理。

4. 企业业务和产品

业务和产品是企业盈利的东西，相对来说也是了解中最需要重点关注的一个点。对于测试人员，如果在面试之前能够试用产品，有一些自己的看法就更能体现出自己的价值和对这份工作的重视。测试人员不能只关注产品的测试工作，还需要关注竞争产品的特点、业务逻辑的合理性，要带有怀疑的态度进行测试。

了解公司也包括面试环节，企业招聘是公司发展过程中的一步，求职者需要将公司的需求和自己的实际结合起来，进而判断自己是否与公司的发展目标一致。更多地了解公司在面试时就可以使自己在思考问题上和面试官处于近乎同等的位置，思其所思，答其所需。通常情况下，如果几名候选人条件差不多，与公司的文化价值相融合者更能拿到 offer。

2.2 了解公司需求

只有透彻地了解公司需求，才能有针对性地应对，提高面试成功率。此需求可以借助发布的职位招聘进行详细了解。当然，通过职位招聘发布的信息不一定是最接近的，因为岗位说明一般是由 HR 发布的，而公司岗位众多，HR 不可能都非常了解，但是总体大方向不会错，还是具有分析的价值。

通过 JD（Job Description）了解公司需要什么类型人才，例如某公司的职位要求（内容来源于 BOSS 直聘网站）如下：

【测试工程师】

岗位职责：

（1）负责 Android/iOS 类产品软件测试方案和用例的设计、测试执行及软件发布工作；

（2）熟悉软件开发过程，熟悉软件质量保证技术，能够迅速发现问题，并具备分析问题、解决问题的能力；

（3）能够设计和维护测试系统，编写测试方案、编写测试文档，对测试方案可能出现的问题能够进行分析和评估；

（4）良好的沟通能力，积极主动的沟通习惯，并具备一定的管理、协调、组织能力；

（5）可以做接口测试，熟悉性能测试、自动化测试者优先。

任职要求：

（1）具备 3～5 年软件测试经验（优秀者学历可放宽）；

（2）计算机或相关专业本科学历；

（3）熟悉相关开发语言，具备软件测试平台搭建的能力，熟练编写测试脚本和使用测试工具；

（4）了解软件工程学思想和方法，了解基本数据库系统及网络知识；

（5）较强的发现问题、分析问题的能力，较强的语言表达能力和文档撰写能力，良好的英文阅读能力；

（6）工作责任心强，细致，耐心。

岗位职责介绍该职位需要软件测试工程师完成什么工作、承担什么责任，是工作内容的一个具象化描述，在投递简历前需要认真阅读。根据上面的岗位职责可以知道以下信息：

（1）对 Android/iOS 类产品进行软件测试，需要求职者通过需求制定合理的测试方案、设计测试用例、执行测试用例、BUG 提交与回归以及跟踪产品版本上线。需要对 Android/iOS 类产品测试工作有所了解，完成软件测试基本工作。

（2）对 BUG 相关知识需要了解，涉及 BUG 管理系统的使用、对 BUG 进行初步定位以及 BUG 的提交、回归测试。

（3）对测试方案、测试用例等有自己想法，可以进行补充、优化。

（4）良好的沟通能力。软件测试工作需要和其他人员进行配合，比如开发、运维、产品等相关人员。

（5）不但需要对产品进行功能测试，还需要对相关的接口进行测试，懂点自动化测试和性能测试。

任职要求是指从事软件测试岗位应当具备的资质条件，包括学历、工作经验或经历、掌握的技术栈、了解的业务水平等，是达到岗位要求的基本保证条件。根据上述的任职要求可以获得以下信息：

（1）需要有三年以上软件测试工作经验，这是基本要求。如果能力突出，也可以适当放宽工作年限经验。

（2）本科及以上学历，且需要计算机或相关专业毕业，也就是说需要掌握计算机、互联网等相关知识，要具有互联网思维。

（3）对测试相关工具可以熟练使用，包括测试用例管理工具、BUG 管理工具等。熟悉相关的开发语言，并且可以编写相关的测试脚本，项目中用到的脚本、自动化脚本、性能测试脚本等。

（4）对软件工程的方式方法、思想有所掌握，利于开展工作，需要了解数据库和网络知识。

（5）有一定的 BUG 的分析、定位能力，有英文基础。

（6）工作态度需要细心、细致。

第 3 章

准 备 简 历

简历是对个人基本信息、学习、工作经历、作品、特长爱好及其他相关信息的一个合集。使用简明扼要的语言进行书面的一个自我介绍，但是这种自我介绍是有针对性的一种规范化、逻辑化的书面表达。对企业来说是求职者的第一个反馈，对应聘者来说是求职的敲门砖。一份优秀的简历更能得到 HR 的邀约，本章将从简历本身进行剖析，讲解如何制作一份高质量的简历。

3.1 简历制作

众所周知，简历是HR的第一印象。在招聘中HR每天可以收到几十、上百份简历。特别是在校招中，一场宣讲会结束后就有上百份简历，而HR要在很短的时间内对大量的简历进行筛选，平均到每份简历的时间不会超过10s，所以求职者要在10s内尽可能让HR看到自己的突出信息和优点。

1. 网络模板

网络上有许多简历模板，但这些模板良莠不齐，在选择时要尽量选择优质的模板。模板一般都是通用的，适合各行各业的人员，因此忌讳拿来就用，比如你是一名平面设计师，而你的简历很普通，HR 就会认为一张简单的简历都需要套用，那么进入公司后如何放心让你出平面图。HR 见到过的简历成千上万，简历的制作是否用心，2s 之内就能做出判断。

简历是求职者的脸面，需要干净清爽、整洁美观。忌讳为了凸显个性而使用一些酷炫、奇特、非主流的简历模板，信息排版乱七八糟的。

2. 版式布局

版式布局需要符合人的阅读习惯，从左到右，从上到下。在阅读时，从上到下的移动过程中，如果不是刻意去看左边，重心会落在右侧。如果不是特别出奇的版式，那么建议的布局是从上到下、左轻右重，如图 3-1 所示。

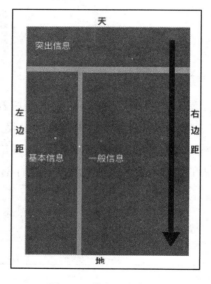

图 3-1　简历版式布局

3. 信息布局

信息布局与版式布局需要结合调整，信息分布需要重点突出、主次有序。例如，根据图 3-1 简历版式布局中的示例进行信息布局，也分三块内容进行，突出信息板块、基本信息板块和一般信息板块。

突出信息需要放置在第一眼可以看到的地方，突出自己的成就，能够吸引 HR 有继续往下读的兴趣，也可以说突出信息是基本信息中的精华。那么突出信息需要放些什么内容呢？姓名、求职意向、工作经历、荣誉奖励、演讲内容、课程分享等，基本信息中出现的内容都可以在突出板块展示，只要是足够炫耀的信息都可以，示例如下：

杨太难 男
　　求职意向：数据库测试工程师
　　博客地址：http://www.tynam.com/
　　GitHub：https://github.com/xxxxx/
　　其他内容：xx 软件测试杂志发布 xxxx 文章

- **姓名**：一个人的标识，所以需要放在首位。
- **性别**：在突出信息中可有可无，为了样式美观可以起到装点作用。
- **学历**：如果是一般专科、本科，毕业于普通学校则不需要特别突出；如果是硕士、博士，毕业于 211、985 或 C9 联盟高校则可以突出显示。
- **求职意向**：作为测试工程师，如果是求职功能测试，则不需要突出；如果应聘的岗位处于专项行业，例如数据库、云计算、5G、区块链等，则可专项突出，求职意向写成数据库功能测试，因为可以暗含自己掌握的背后技术。
- **突出著作**：可以突出一个人的知识储备，例如 GitHub 开源项目、技术博客、大型峰会内容分享、报纸宣传、书品著作等。如果 GitHub 中内容价值不高、技术博客没有几篇内容就不要展示了，否则，虽然可以在 HR 面前伪装，但是技术面试官看过后则会认为该求职者的能力水平就是如此。切记，突出的一定是精品。

突出信息是基本信息的重点内容表现，顺着信息展示的层次接下来就是个人的基本信息。基本信息内容主要有性别、年龄、学历、联系方式（手机号和邮箱地址）、毕业院校、政治面貌、婚姻状况、所获奖项、所获证书等内容。这些基本信息并不是所有信息都是必需的，可以选择性地进行展示，例如学历是专科，在软件测试行业没有特别的优势则可不进行展示。

一般信息通常来说是实习/工作经历、参与项目、兴趣爱好等，需要大篇幅进行描述。因此位置放在阅读时视线移动的最后面。由于篇幅太长，一股脑展示不利于阅读，所以需要分块进行，每一块内容中要有详细说明，详细说明时还要条理清晰。示例如下：

工作经历

西安 xx 有限公司	2012.10~现在	测试主管
职责业绩：这里是职责业绩内容		
西安 xx 有限公司	2002.10~2012.10	测试工程师
职责业绩：这里是职责业绩内容		

项目经历

xxx 系统	2012.10~现在
项目描述：这里是项目描述内容	

项目职责：这里是项目职责内容

xxx 系统   2002.10~2012.10

项目描述：这里是项目描述内容

项目职责：这里是项目职责内容

自我评价

性格开朗，有责任心，做事负责。

对于工作经历和项目经验一般建议采用时间倒序的方式书写。面试官最关注的是求职者最近的一段经历，时间越往前，参考的价值越低。

3.2 内容编辑

简历在内容的编辑上也要讲究技能技巧，犯忌讳的问题千万不能有。此处所说的内容编辑，指的不单是简单的内容描述，还包含文档格式、文档篇幅等。

1. 简历不简

简历需要一个完整的链路简述，但绝不能简单潦草。每一句话都需慎重对待，仔细揣摩，段落把控。页数也要做一个控制，不能太少，也不能太多，与自己的简介和经历要相互映衬。如果是应届毕业生宜为 1～2 页，如果是 3～5 年经验的宜为 2～3 页，有工作经验、项目经验需要介绍。也不能为了页数做一些可能会适得其反的内容，例如为简历精心制作一个封面，这是没有必要的，软件测试工程师不是 UI 设计师，不需要浪费一页制作简历封面，这也需要 HR 在查看简历时多翻一页，浪费 HR 的时间。HR 在查看简历时每份平均花费 10s，在从封面进入主页时已经浪费了 2s，也就意味着 HR 在提取关键信息时比别人少 2s。

空白半页不能出现，简历中的每一块地方都需特别珍惜，每一个字眼都要能助于自己闪亮，帮助自己提升形象和实力。

2. 信息完整

信息完整不是说所有的信息都要写在简历上，而是指不能出现错别字、不能重复出现废话，语言简练、表达清晰。下面介绍几点需要注意的事项。

- 错别字：错别字是特别忌讳的，就好像一张脸蛋上出现了一个豆腐渣，特别惹眼，HR 也会认为求职者是一个做事不认真的人，软件测试工程师连自己最基本的 BUG 都处理不了，如何能做好测试工作。
- 作假大忌：简历中不能出现虚假信息，例如学历造假。虚假信息是所有的企业都不能容忍的。一旦发现简历中出现虚假信息，则会拉入黑名单，永远不会考虑。任何企业都不会接受不诚实的员工。
- 装饰适量：在简历中需要装饰自己，但不能过分地进行装饰。例如，参与了一个项目的测试工作，在简历中却描述为自己负责整个项目的测试工作，从一个参与者变成一个管理者，要明白两者的工作内容差别非常大，面试官稍微深入了解一下就可明了。
- 语言简练：描述一项内容时需要简单明了，一眼看过之后就能提取出关键字。啰唆的废话容易使阅读人员疲劳，混乱的逻辑使读者看不懂求职者的人生。
- 照片展示：简历中贴附照片是特别醒目的一个举措。如果长相靓丽则可使用，有时候公司也会考虑团队的男女比重、单身问题等因素，这无疑是特别大的一个亮点。如果长相不太出众，建议不要使用，无照片不减分，有照片但是不是很好肯定是减分的。
- 层次有致：层次分明容易表现出自己思维清晰。例如，在表达自己的技能时可以使用精通、熟悉、了解、学习等字眼做层次铺展，由高到低地进行表达。例如：

  ➢ 精通软件测试用例的设计。
  ➢ 熟悉 BUG 的提交、跟踪，推动问题解决，实现问题闭环。
  ➢ 熟悉 MySQL、Redis、MongoDB 等数据库的操作。
  ➢ 熟悉 Jenkins 管理工具、熟悉自动化框架与 CI/CD 的集成。
  ➢ 了解性能测试工具 Jmeter，还在继续学习中。

- 外链接：外链接是将自己的项目或者作品存放在一个公共平台，通过链接的形式展示在简历中。外链接对于应届毕业生特别实用，例如在实习项目中添加自己编写了 xxx 测试方案，然后将自己编写的测试方案隐藏掉关键信息，存放于网盘、有道笔记或类似的平台，在简历项目内容中，对于编写测试方案的详细内容就可以链接的形式引导读者去查看。

3. 文件格式

文件格式是一个非常需要注意的事项。在投递简历时，一般建议采用 PDF 格式文件，尽可能保证 HR 收到的格式样式与自己的预期结果一致，因为 PDF 不会因为字体、计算机、软件版本等问题造成格式错乱等现象。接下来举几个反例进行说明。

有一次小王设计好了简历，工作经历标题几个字使用特殊字体 A，内容采用表格，将简历以 Word 格式文件发送给 HR。HR 的计算机没有安装特殊字体 A，工作经历标题采用默认字体，导致显示增大，内容表格进行了换页，第一页工作经历下面留了不少空白，显得非常不得体。再比如小李将自己的简历以 JPG 图片格式发送，发送时不是以原图进行发送的，致使 HR 收到的图片模糊不清晰。虽然文件格式造成的问题不是什么大事，但是能避免为什么不避免它发生呢？

3.3　调整简历

在第 2 章中介绍了怎么了解面试公司、了解公司需求，本节内容要介绍的是怎么根据公司需求调整自己的简历，增加面试通过率。不同的行业、不同的岗位都需要一些特别的技能，针对这些不同的内容要有针对性地应对才能在竞聘者中有所突出。

简历调整可以从两处进行，如果岗位描述和自己掌握的内容有重合，则可以将相关的知识靠前位置放置。项目经历中也穿插相关的知识点，以实例进行说明，自己不但有所掌握而且在项目中进行了实际应用。例如，岗位描述中有项目采用敏捷开发，则可在自己技能中添加"熟读《硝烟中的 Scrum 和 XP》，对敏捷开发有一定的认识"，在项目中也可添加 xxx 项目采用敏捷开发。另外，对自己的盲区需要临时突击，例如岗位描述中有开发基于 PaaS 平台的教育、传媒、医疗行业解决方案的软件。但是对 PaaS 又不了解，此时在个人技能最后面可添加了解 PaaS 平台，在将简历投递出去后就需要临阵磨枪，突击 PaaS 相关知识，了解概念、作用、特点以及 IaaS、SaaS 等内容。

3.4　使用模板

选择一份恰当的简历模板，能增加 HR 对简历内容的阅读性，并且还能够在第一时间吸引 HR 的眼球，在选择简历模板时，需要结合自己的求职意向，这样才能在更大程度上体现出简历模板的作用。

内容丰富的简历就是简历成功的一步。如果说只是简历内容比较犀利，没有好的模板，给人感觉杂乱无章，就会转移用人单位的注意力。即使你很优秀，简历写得也很好，往往也会因选择的简历模板不好而被用人单位淘汰。

　　简历模板一定要选择从上而下的模板，因为这种模板是很多人都采用的一种，之所以比较普遍，是因为从上而下的模板看上去更舒适。当然，模板的分类也要从上往下，这样更合理，每个板块介绍清晰、准确，不要有浮夸，也不要贬低自己，再加上填写内容流畅，没有多余的废话，这样的个人简历投放后被录用的概率就会大大提升。

　　简历模板的设计代表着你与面试官们沟通的概率。只有打动他们，他们才会进一步去认真看内容，就跟看到一个广告、一张海报的时候是一样的。所以说"模板用得好，面试来得早。"因为职场是一个严肃的场合，简历的风格不能太过活泼，所以轻快的色彩（例如绿色、橙色以及所有暖色）不太适合作为配色，可以选择趋近于工业风的灰色和浅蓝色等。除了整体色调之外，另一个筛选原则是排版合理。排版合理指的是整个简历的布局合理，从外观看上去比较舒适，没有太多空白或者是太过拥挤的情况。有重要价值的部分重点突出，其余的部分起到衬托作用，看起来重点明确、主次分明。

　　选用简历模板的重要原则：简历的外观大部分决定于模板，少部分决定于撰写者。选择好的模板，并不需要花多少工夫就能收获一封外观不错的简历。在选择模板的时候一定要把握重要原则：美观而不花哨，简单而有内容，要有核心与关键词。建议大家在简历中适当用一些线条、加粗字体等设计区分板块，突出重点。

第4章

复　盘

复盘是围棋术语，也称"复局"，指对局完毕后，复演该盘棋的记录，以检查对局中招法的优劣与得失关键。

如果每一场面试后都能进行复盘，那么你找到的工作肯定是满意的。复盘是一个很好的习惯，一个很优秀的习惯。复盘应该是主动的，发自内心地想去做的一件事。每场面试结束后通过复盘可以全面、系统、更清晰地对自己进行定位，明确优缺点，为下一次面试找准方向、提高成功率。

4.1　面试总结

看到过很多面试总结案例，绝大多数是将面试官的一通提问列出来，满满的一张 A4 纸，总结就是面试官的问题，稍微好点的能够将自己是怎样作答的再附加于上。其实这样的总结可以称为鸡肋式总结，没有达到总结的目的。面试的问题都是类似的，利用发达的网络动动手指头就能找到，答案也比自己写的精彩得多，为何还要浪费大量的时间去做这些价值小到不能再小的事情？那么该如何总结，又总结什么呢？下面分三步介绍面试总结。

1. 回顾

回顾本次的面试有没有达到自己的预期结果。对于预期结果可以进行分解回顾，比如着装、礼貌、技能、表情、心理活动表露，分层次地进行总结。如果在之前有一定的目标，则可以试着回答下面几个问题：

- 本次面试有没有做充足的准备，做了哪些准备？
- 技能技巧表现得如何？
- 肢体语言、微表情、礼貌运用得怎样？
- 有没有抓住机会展现自己的优点、专长和工作经验？
- 在回答问题时，有哪些不理想的问题，是怎样作答的，下次再次遇到该类问题应该怎样回答？
- 本次面试有什么心得体会，或者学到了哪些心得技巧？
- 哪些方面最为不满意，需要改善？
- 哪些方面表现得使面试官脸上带有笑容？
- 预期结果与实际结果差距在哪里？

2. 行动

在回顾的基础上行动，对于满意的继续保持，花费少许时间温习；对于不满意的地方进行改进，重点内容多花时间掌握、重复练习。比如在面试中没有很好地把握主动权，那么可以进行深呼吸，避免紧张，平时说话时注意将关键词"你"变成"我们"，拉近两个人的距离。再比如面试官问了一句："你对我们公司有所了解吗？"之前没有了解，回答时简单粗略，所以以后要先了解面试公司的背景、产品、运营模式和发展前景等，在面对对方提出的非专业性知识问题上也能从容应对，更能体现出对面试公司的认可。

3. 展望

对下次面试进行预期。经过"回顾—行动"完成一轮更新，而后期待下一次的结果。通过迭代提升软硬实力，下次面试应该会更出色。比如上次回答问题时话题偏了，面试官的表情由微笑转换成平淡，那么经过"回顾—行动"的练习之后，可以预期下次面试聊天过程中时刻留意面试官的表情和反应，问题回答完成后适当拓展，在拓展中如果面试官的表现由高兴转变为平静则应立刻停止拓展，对刚才的回答进行总结，用简洁清晰的语言表达自己的观点。

之前和一位特别厉害的很受同学们喜欢的老师交流过，他说最初自己很怕在公众场合进行分享，一说话就紧张，咬字不清晰，语句不通顺，声音平淡，重复不通顺的语句，效果理所当然不是很好。后来有一次公司需要他对外进行一个公开课的分享，这也是改变他在公众场合分享的一个转折点。提前一个月准备好 PPT 和 Demo，然后进行录屏练习，反复听取改正，甚至将所要讲的内容全部打印出来，进行背诵，经过两周反复练习，有了明显的提高，每晚睡觉时闭上眼就能默背出要分享的内容，在临近分享的一周与公开课负责人不断地交流，改正不足，最后特别成功。

面试也是一样的，每次结束后进行总结，明确不足，重复不断地练习，让不足变成自己的得分项。

4.2　让总结成为习惯

每次总结都是一次复盘，一次两次的复盘可能看不到效果，只有坚持并行动下去才能看到变化，帮助个人成长。查尔斯·都希格在《习惯的力量》中提出了"习惯回路"模型，指出习惯的养成是大脑中形成的一个越来越强、继而自动化的回路。这个回路中包含了暗示、惯常行为、奖赏、渴求四个要素。这里根据四个要素为大家介绍怎样让自己的总结成为一个习惯性行为，如图 4-1 所示。

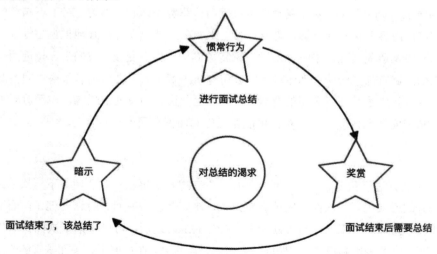

图 4-1　习惯回路

第一步，每次面试结束后提示自己需要总结，如果害怕忘记可以写个便利贴贴在床头，需要一个暗示或提醒，让大脑自动进入总结的行为模式；第二步，习惯总结，每当出现第一步的暗示后就需要行动，调动自己的思维和身体去行动、去总结，去翻看之前总结的内容；第三步是奖赏，让自己的大脑牢牢地记住面试总结这个回路，让暗示变成自发性、习惯性行为。面试后总结的"习惯回路"由刻意到半自动化，最后成为自动化。久而久之，面试总结这个回路就会越来越自动化，一旦被面试需求或暗示触发，大脑便会自动运行，下意识地选择总结这个"惯常行为"，并获得奖赏，进一步强化面试总结习惯回路。

英国作家王尔德说过"起初是我们造成习惯，后来是习惯造成我们"。当习惯性行为影响到我们的生活、工作、学习的时候，我们就会发现：好的习惯是多么重要，对自己的进步带来了很大的帮助。

当面试总结成自然，offer 便在眼前了。

第 5 章

接 受 邀 约

我们在准备好简历后，会把确定版本的简历发布到招聘网站上。这里不具体列出哪些招聘网站，除了全国比较知名的招聘平台外，不同地市也会有当地使用率较高的招聘平台，大家可以多去搜集一下此类信息。

1. 搜索岗位

搜索岗位通常有两种方式：盲选和定投。

- 盲选：一般情况下，我们要应聘软件测试工程师，会在搜索栏中搜索关键字"软件测试工程师"，就会有很多岗位列出。大家可以根据自己的情况选择岗位进行投递。
- 定投：明确知道某家公司的招聘需求，直接搜索该公司的全名。

搜索岗位时，可以切换关键词，如测试工程师、软件测试工程师、自动化测试工程师、性能测试工程师、测试开发工程师、黑盒测试、功能测试等，这样可以确保大家有更多选择的机会。

简历筛选通过后，我们就会收到面试邀约。邀约方式一般有邮件邀约、短信邀约和电话邀约三种方式。下面对这三种邀约方式进行介绍。

2. 邮件邀约

简历筛选通过后，HR 会通过在简历上留下的邮箱地址给求职者发送具体的面试信息，收到邮件后，请及时回复 HR 的信息，确定面试时间。注意，很多候选人在面试期间对于邮箱的关注度是不够的，往往漏看邮件，导致错过重要的面试机会，悔不当初。

3. 短信邀约

面试邀请还会以短信的形式直接发到求职者的预留手机号码上。如果是招聘平台的邀约短信,可以不用回复;如果是手机号码发来的邀约短信,请及时回复,以保证可以给 HR 留下良好的第一印象,做事积极主动。

4. 电话邀约

电话邀约是我们使用率最高的面试邀约方式,HR 通过电话联系候选人确定面试的时间。在接听电话时请确保信号良好,所在的环境相对安静。如果没有听清 HR 的自报家门,可以请求 HR 重讲一遍,不要不好意思。最后请 HR 把公司的具体地址通过短信或者微信的形式发过来,以便我们提前做好准备。

礼 ❖ 篇

第 6 章

面试前准备

很多人觉得接到面试电话离成功就近了一步，确实如此，面试电话就是对我们简历制作的一个肯定。但是要想获得 offer，我们还要在面试前准备很多，接下来谈谈需要在哪些方面进行努力。

1. 再次确认面试公司

确定面试公司的行业背景、规模大小、公司性质等信息，方便我们更进一步地了解公司背景。当然，我们可以通过互联网平台、熟人、行业交流群、各种论坛等来搜集所需要的信息。

2. 明确面试地址和乘车路线

一般而言，在确定面试地址后一定要规划最优路线和出行时间，避免在路上遭遇早高峰、堵车、其他突发的交通状况或者人为因素造成的迟到。

面试中最忌讳迟到。有很多求职者因为面试中迟到了几分钟就错失了面试机会。所以，要想在面试中有一个好的求职状态，最好是可以提前 10～15 分钟到达面试地点，整理仪容仪表和面试所带资料，让自己有一个平和的心态去迎接接下来的面试。一般情况下，我们要比规定时间提前 5 分钟左右进入面试单位。

3. 妆容与服饰

很多应届生或者进入社会不久的大学生在面试的时候都喜欢穿着西装，普遍的认知就是这样的着装给人稳重、专业、重视等第一感觉，但实际上不尽然。

妆容上

男生要求面容干净清爽，切忌胡子拉碴、头发蓬乱无形；女生要求端庄大方、妆容自然，可以画淡妆，这样可以展示自己良好的形象并向面试官表现出自己对此次面试的重视，切忌浓妆艳抹。

穿衣上

面试时一定要重点考虑应聘单位的行业属性和公司属性。虽然都是面试测试工程师，但是行业不同，对着装要求也会有所不同。如果是银行、国企、事业单位，着装要尽量偏正式，穿套装或商务休闲装。如果是互联网公司，环境相对开放，那么对着装没有硬性要求，穿衣相对随意点也可以，但是也不能穿沙滩短裤直接面试。面试的穿衣主要还是以素色为主，身上的颜色不能太过复杂。如果是夏天面试，推荐男生穿单色 T 恤或者单色衬衫，这样会给人感觉有活力并且易接近。女生切记不能穿奇装异服，如热裤、吊带、透明感比较强等衣服。例如，之前有求职者面试银行测试，HR 在电话中告知求职者面试时必须穿带领的衣服，最好是正装，其次是休闲正装（当时是夏季），不可穿着圆领或者无袖的服装。有一个求职者没有穿着正装面试，所以在与银行方面的面试就草草结束，结果可想而知。

4. 随身携带简历

随身携带简历，有以下三点好处：

（1）在路上，可以重温简历，这样在面试中更加胸有成竹。

（2）也许近期你的简历有一些更新，HR 收到的是旧版简历，你可以把最新版给他，让他了解你的近况。

（3）一般来说，HR 面试求职者时会把简历打印出来，万一他没有打印，你顺手递上一份，也更显出你的细心和贴心。

 作为一名专业的软件测试工程师，我们还要养成随身携带 U 盘的习惯，U 盘中要有电子版简历、自己的作品等资料，以备不时之需。

在很多的面试中，面试官都会要求求职者提供自己所写的测试用例等测试资料，除了必须要进行保密的资料外，我们可以准备一些通用版本（能够展示自己能力的资料），这样有以下好处。

- 表明自己的求职热情。有相关测试资料的话，至少从态度上已经把自己和其他求职者区分开了，能给面试官留下一个不错的印象。

- 展现自己的专业能力。私人测试资料可以非常直观地向面试官介绍自己的专业知识和技能积累，比单纯的语言更有说服力。
- 增加与面试官的谈资。搞定面试的一个关键技巧就是，把面试官引导到自己擅长的内容上去。这是自己精心准备的，可以作为一个很好的谈资。
- 增加自己的技能。测试技能与项目的写作和准备也是一个提升自己的过程，对个人成长很有好处。

5. 带证件证书

在 U 盘中可储存相关证书的电子版，除非公司强烈要求，那么初试中可以不用携带证件原件。一定要注意的是，市场上很多公司打着招聘的名义进行技能招生转化，一般都会要求面试的时候携带身份证原件等资料，方便当场办理贷款，所以大家一定要擦亮眼睛。

需要注意的是，证件自己一定要妥善保管，如果必须向用人单位提交证书文件，建议给对方复印件。用人单位不能以任何理由和借口扣押求职者的证件，如果遇到此类情况，请提高警惕，防止受到伤害。

6. 带上纸笔

在面试过程中，HR 可能会交代一些重要信息，有纸笔可以更方便记录。如果用人单位当场组织笔试，纸笔的作用就显得更为重要了。

带上纸和笔还有一个更好的作用，帮助自己复盘。在面试刚结束之后，记忆是最深的，可以找个咖啡馆、图书馆等地方立即记录本次面试的得失。

7. 带一瓶水

无论冬夏，求职者都可以带上水。夏天可以降温，冬天可以润嗓，帮助自己保持更好的状态。很多朋友对于带水参加面试不知可否，其实面试前喝口水有助于缓解紧张情绪，也可以帮助自己顺利进入面试情境。有的公司会给求职者提供水，有的公司可能会忽略这点，所以自己准备更好。

8. 带补妆工具

求职者在面试中要精心打扮。女生求职者可以携带小镜子、小梳子等，便于整理妆容，提升自信。在很多面试中，同等工作能力下，求职者的形象气质突出的优势更胜一筹。我们不能让自己输在对细节的疏忽上，所以面试中的妆容一定要严肃对待。

9. 带文件包

求职者携带简历、作品及证明文件，可以考虑带一个文件包。

现在很多 IT 男的标准装备是牛仔裤、格子衫、双肩包。并不是说我们也需要这个样子，但是两手空空的求职者很可能给 HR 留下准备不足、非常随意的印象。求职者手里直接拿个资料夹也显得不够郑重，携带文件包或自己常用的背包是相对得体的选择。

10. 带自信笑容

求职者要时刻保持良好的状态，面带笑容，把自己非常自信、非常阳光、积极干练的形象展现在面试官面前。笔者接触过一个真实的案例：本来约定的面试时间因为面试官开会推后了半个小时。当面试官接待求职者时说道"不好意思，让你等了这么久"，求职者当时因为等待变得有些焦躁，当即面无表情地回复"哦，那现在可以开始面试了吗？"可能换个求职者，会微笑地表示理解并询问几点开始面试比较合适。最终的结果是，该求职者面试过程因为自己的情绪和面部表情让正常的面试气氛显的尴尬，从而以失败告终。我们在面试的过程中，一定要面带微笑，自信应对，这样才能有好的面试结果。

礼 篇

第 7 章

面 试 礼 仪

7.1　坚定信心

　　面试的过程中大家一定要有底气，有信心，面试官很容易看出你的紧张状态，我们要想办法保持淡定；深呼吸，语速放慢，心里默念"自己一定可以"，给自己加油打气，让自己更愉快更坦然地进入面试的状态中。出现紧张的状态是正常的，但是我们要克服紧张心理。平时多练习、多积累、多感悟，把这些转化成自己的语言，然后记牢固，在每次讲话中都可以拿出来做素材。如此这番坚持下去后，一定会慢慢变得自信！

　　其实，面试就是临场发挥，心态很重要，不要把这一次面试看得太重，需要用平常心去对待。只要自己尽力了，那么结果如何似乎并没有那么重要。如果调整好心态了，那么很多紧张的情绪也就烟消云散了，结果反而会更好。

　　有这么一个案例：一名 80 后的妈妈，寻找软件测试的工作，因为担心自己的年龄、学历和专业，每次面试的时候都觉得自己"配不上公司的岗位"，面试过程中总是和面试官的眼神捉迷藏，从不敢勇敢地直视面试官。可想而知，前面的面试基本都是炮灰了。

　　在与笔者交流后，意识到自己的眼神透露出来的信息就是：我不自信，快别选我，谁选我我跟谁急！后面经过反复的对镜练习，和从事测试的朋友进行一对一的模拟面试，不断总结自己的问题，调整自己的肢体动作和眼神，最终成功获得多家公司的 offer。其中一位面试官对她说的原话就是："我选择你，是因为面试中你看我的眼神很认真很坚定，我感觉到这个岗位你一定可以胜任。"

7.2 有效沟通

有效沟通是双方或多方对某个事件、某些信息和意见的充分交流，并且沟通达到了或即将达到预期的结果。简单地说，沟通就是将信息清楚明白地传达出去，同时要确定对方接收到了传递的内容并进行对应的回应。要进行有效沟通，可以从以下几个方面着手：

（1）必须知道说什么，要明确沟通的目的。

（2）必须知道什么时候说，要掌握好沟通的时间。

（3）必须知道对谁说，要明确沟通的对象。

（4）必须知道怎么说，要掌握沟通的方法。

有这么一则小故事，很好地传递了有效沟通的深刻含义：

有一个小伙子固执地爱上了一个商人的女儿，但姑娘始终拒绝正眼看他，因为他是个古怪可笑的驼子。

这天，小伙子找到姑娘，鼓足勇气问："你相信姻缘天注定吗？"姑娘眼睛盯着天花板答了一句："相信。"然后反问他，"你相信吗？"他回答："我听说，每个男孩出生之前，上帝便会告诉他，将来要娶的是哪一个女孩。我出生的时候，未来的新娘便已经配给我了。上帝还告诉我，我的新娘是个驼子。我当时向上帝恳求：'上帝啊，一个驼背的妇女将是个悲剧，求你把驼背赐给我，再将美貌留给我的新娘。'"

当时姑娘看着小伙子的眼睛，并被内心深处的某些记忆搅乱了。她把手伸向他，之后成了他最挚爱的妻子。

（本故事摘自网络）

当然，沟通的方法需要我们去摸索、去实践，还需要不断地总结和校验，假以时日，一定可以收获适合我们的有效沟通方法。

7.2.1 提取关注点

传递方应清楚自己想要达到的目的，并将信息完整地表达出来。要听清楚面试官问的问题，以及问这个问题的目的是什么，提取到有效信息进行回答。

比如：我们今天去参加一场面试，目的是求职成功。时间就是和对方约定好的面试时间，面试官就是我们的沟通对象，这个过程中沟通的方法尤为重要。例如：

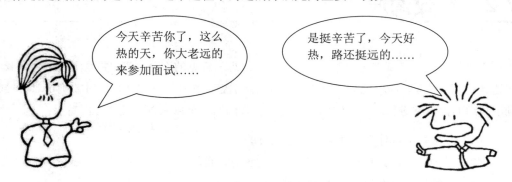

两句简单的对话，一个糟糕的面试结果。

面试官想的是：你给自己找工作呢，还嫌这嫌那的，那你来了能搞好工作吗？你简历中写的吃苦耐劳哪里去了？

求职者想的是：这是你问我的啊，你问的什么我就回答什么，没毛病啊！

诚然，这就是沟通最重要的一点，必须知道怎么说？或许面试官客套一下作为开场白，我们要做的是摆正自己的态度，积极正向地传递对面试的渴望和对工作机会的看重，面试官有时候通过这种简单的沟通在给候选人挖坑，你一旦跳下去战斗可能就马上结束了！

应聘者关注的是问题本身，面试官关注的是通过面试者的回答初步判断面试者的求职态度。

7.2.2　重点内容

针对面试官提出的问题，回答一定要有思路。回答的内容重点是要逻辑思路清晰。知识可以通过背诵来突击，但是逻辑思路必须通过反复地雕刻和打磨才能清晰明了，有说服力。我们在遇到面试官提问时，可能会有以下几种特定的情况：

A. 会回答：

面试官一提问马上就知道答案该怎么去说，这时我们需要整理自己的解答思路，建议采取"总—分—总"的回答方式。此种方式类似于小学语文中老师让大家给文章分段的方法。比如回答的时候在答案前面加上"第一、第二、第三"或者"首先、其次、再次"等的提示性词语，以体现我们的逻辑思路清晰明了。

这种方式非常简单，实操性很强。

B. 不会回答：

面对面试官的提问，并不是所有的题目我们都可以回答上来，有些题目是我们的知识盲区，从来没有接触过的，这时建议大家直面不会的问题，摆正自己的态度，给面试官建立一个勇于承担的好印象。回答上可以说"不好意思，这个问题把我难住了，我想问下咱们公司是需要这个吗？如果是的话，我愿意去学，我学习能力还是很强的，会尽快学会"之类的。

职业旅途中，我们总会遇到各种未知的问题，你需要的是一颗强大的心来面对和接受，并且后面可以通过实践和学习掌握以前不懂的知识和技能，不要觉得坦诚自己不会会丢面子影响面试结果。一次面试说明不了什么，我们需要的是不断前进、不断成长。

C. 略会的问题：

我们总会遇到一些问题，好像知道但是又怕说出来让面试官觉得我们不懂装懂。那么，我们可以把 A 和 B 中的方法结合一下。先把会的用 A 方法表达出来，再把不会的用 B 来阐述。例如，先说这个问题之前了解过（或者在哪里看见过），记不清楚了，然后说自己掌握的有哪些，剩下的抽时间再去了解清楚，给面试官树立一种不卑不亢、有理有据，可以直面自己不足的良好形象。

7.2.3 拒绝一问一答

交流之间需要互动，互动更能提高面试成功率。

回答问题不能只说不会或者说会，要描述清楚接下来的方法。不会，接下来要给面试官说清楚自己的计划，怎么把这个不会的问题学会。会的，要给面试官说清楚自己是如何在工作中使用的。要让面试官相信，你之前在工作中使用过这个工具或者该项技术。

我们强调了沟通，那就不是单纯的你问我答。我们需要和面试官有一个互相交流、充分沟通的过程。简单来讲就是，面试官提问，你来回答。那么，你也要去提问面试官，让面试官和你产生交集，深入交流。类比到后期的工作，测试工程师之间的沟通，是需要双方或者多方积极表达自己的观点、提出自己的见解，然后多方意见一致后达成最终结果。如果面试过程中，求职者都是被动接受提问、被动回答问题，缺乏主动交流的意识，那么这场面试的评价很可能是沟通能力一般，面试不予通过。这并不是我们想要的结果。

所以，一定要拒绝一问一答式的沟通！

礼 ≋ 篇

第 **8** 章

面试后注意事项

面试后注意事项可以细分为两个阶段：第一个阶段为与面试官交流完成后到离开公司，第二个阶段为离开公司后。在第一个阶段，求职者的各种表现、动作等，都会被面试官、HR 切实注意到，千万不要掉以轻心。第二个阶段需要做的是保持愉快的心情，做好接收 offer 的准备。

1. 礼貌告别

面试结束时，无论表现如何，求职者都应该保持一颗平常心，带着微笑自然地站起来，向面试官进行感谢并且道别。虽然可能对最终的结果影响微乎其微，但能表现出自己的礼貌端庄。例如："今天交流的非常高兴，收获也颇多。非常感谢您，特别谢谢，再见！"然后整理好自己的物品，特别是自己制造的垃圾，从容地走出去，在走到门口时再次转身向面试官表示感谢和再见。最后退出，并轻轻地关上门。

技术面试完成后，一般都会有 HR 和求职者进行交流，如果没有其他的事 HR 会表示今天面试到此为止，结果会在 1～3 个工作日有所反馈。在此离去前，对本次面试的接待人员、HR、面试官等表示感谢，显示出自己良好的个人修养，也是对他人的尊重。

2. 不要追问结果

面试结束后，求职者根据自己的表现对结果基本都会有一个大概预估。一般有三种结果：第一种非常适合；第二种需要再考虑一下；第三种保持继续联系。如果是第一种情况，那么恭喜你，离入职不远了，只是何时接收 offer。如果是第二种，通常会在 1～3 天内得到答案，如果没有则面试失败。如果是最后一种情况，企业会将其列入人才储备库。

对于企业，面试官也不会直接告诉求职者结果，因为候选人太多了，后续的求职中可能会有更适合的人选。对于候选者，企业需要综合评定，在对所有的候选人做出评估后，HR 才会通知面试成功者。另外，求职者通过面试过程的细节大概可以初步判定出面试官对整场面试的满意程度。因此，追问面试成绩的意义不是很大，也很容易使面试官产生抵触与反感的情绪。有些面试官非常和蔼，如果喜欢某一个求职者就会表现出积极的情态，愿意和求职者进行交流，对于求职者不知道的问题也会试着进行提示、点拨，对求职者的回答频频点头、面露微笑。

3. 坚持总结

在离开公司后，不要太在意结果，因为所有的结果已落定，只不过缺少企业的一个通知而已。接下来要做的就是保持电话畅通，留意电子邮箱的信息，静待结果。

更加需要做的是，对此次面试马上做总结和复盘。也就是在第 4 章提到的面试复盘，进行回顾–行动–展望。总结自己是否是在详细地了解对方之后去的面试，对方与自己的优势匹配是否进行了充分展示，重点问题是否提取了出来并做了重点回答。查找自己需要坚持的地方、需要改进的地方，解决这些问题后为下次更好地发挥做准备。及时调整，在不断地坚持和改进中越来越优秀。

今日面试已毕，明日面试还需继续，保持愉悦的心情，巩固自己的知识，自信扬帆。

4. 拒绝已接受的offer

许多优秀的测试工程师通过简单的几天面试可能会收到多个 offer，A 企业的福利待遇特别好，B 企业发展前景非常好，C 企业态度诚恳，D 企业研发的是自己非常喜欢的一个方向的产品，总之，取舍难决。这时就要回头想想自己的初衷。

"要忠于少年时的梦想。"

——席勒

当决定入职一家企业后，先不要忙着拒绝其他的 offer，要与决定去的企业的 HR 进行细节确定，例如入职时间、入职材料、签订的合同、保密协议等。当这些细节确认完成，可以百分之百入职后再去对其他的 offer 进行拒绝。在拒绝 offer 的时候要把握住尽早、主动、礼貌三点。

- 尽早：企业招聘是要花费成本的，特别是某些项目急需人员时，对于已发出的offer再接到拒绝更是耽搁项目进度。所以，求职者需要拒绝offer时应尽早与企业说明，让企业尽快进行人员补充。

- 主动：主动也是尽早的一种表现。拒绝已接受的offer需要主动提出，可以彰显出求职者的礼貌、积极沟通等。例如，可以说"今天给您打电话，先说一声对不起，我不能到xx公司入职了。因为我已经接受了另一家公司的offer，与我的兴趣更符合，给出的待遇也特别优厚。再三考虑后最终决定去。贵公司提供的岗位也特别好，但是只能选择一个，非常抱歉，这几天多谢照顾，也希望您能够谅解"。

- 礼貌：上面说到的尽早、主动两点也是礼貌的表现。在什么时候都要保持自己的礼貌，有始有终。在拒绝的时候要诚恳、多说一些对不起、抱歉等谅解的词。

拒绝已经接受的 offer 需要做到尽早地主动提出、礼貌表达，不能被动、拖沓，等到入职时 HR 来电才表明自己的态度。这样会让 HR 觉得人品不佳，大大降低了自身的职场品牌形象。若求职者都这样处理问题，则对整个求职市场会有很大的影响。

第 9 章

微表情管理

微表情是心理学名词。人们通过做一些表情把内心感受表达给对方看，在人们做的不同表情之间或是某个表情里，脸部会"泄露"出其他信息，是一种人类在表达某种情感时无意识做出的、短暂的面部表情。这些表情传递着真实的内心情感，比如厌恶、愤怒、恐惧、悲伤、快乐、惊讶和轻蔑。当一个人可以驾驭自己的微表情时，在人际交往、面试等场合就能够处于主动地位，进入企业中也可以很好地处理职场关系。因为微表情更多的是自己潜意识或者无意识的内心表露，是一个人真实意图的写照，而这些细微表情是很难通过自身去操纵的。对微表情稍微做出管理还是比较容易的，接下来介绍一些在面试中轻松管理微表情的方法。

1. 控制好自己的眼睛

当与面试官对面交流时，眼神是传递情感的最好工具，通过眼神可以看出候选者的自信程度，如果不自信或者掺杂着谎言，那么眼神会飘忽不定，企图逃避，不敢直视对方的眼睛。聪明的人就会通过一直盯着面试官的眼睛来表示自己的坚定、对某个问题的深入研究。在直视过程中要有意识地控制眨眼速度，不能太快，太快容易留下焦虑、不可信的印象，一个人正常眨眼的速度应该是 6～30 次/分钟。

之前有一位求职者在面试过程中不敢与面试官进行眼神沟通，每当面试官看他时总会马上低下头，看起来羞涩、内敛、不够自信，偶尔抬起头看向面试官时眼神也总是飘忽不定的，没有聚焦。整场面试下来，面试官的感受是沟通太累了，感觉自己在唱独角戏，得不到语言的交流，更不到眼神的互动。最后，求职者面试失败。试想，如果求职者一直保持这种面试状态，能找到一份满意的工作吗？

2. 保持微笑

一般来说，保持微笑能给面试官留下亲切、友善的好印象。微笑是人际交往之间的润滑剂，能做到时常对人微笑，自然会有很多朋友。许多人因为掌握微笑的艺术而获得了成功。面试的过程中，面带欢愉的微笑，说明心情愉快，对自己的能力有充分的信心，也给面试官留下好的印象，不知不觉中缩短了心理距离，对于面试有很大的帮助。

有这么一个案例：

小伙子 A 去企业面试，等到面试官坐下来准备开始的时候，A 发现面试官状态特别不好，直接讲就是心情不好。如果一般人遇到面试官心情不好，可能也会受到影响，从而在整场面试中战战兢兢、如履薄冰，最后惨淡收场。但是 A 不是这么想的，他觉得面试官心情不好，他就把面试官的情绪调动起来，伸手不打笑脸人。接下来的面试，A 保持微笑的状态，不但回答面试官的技术提问，还把问题延伸到生活中，借助生活的案例顺便讲了一些幽默的段子，过程轻松幽默，面试官最后慢慢地露出了笑脸，和 A 亲切地攀谈起来，最终 A 成功拿到了 offer，而且入职后他发现，对比市场同类岗位和同类公司，他的入职薪资明显高于其他人。这绝对离不开自己展示的微笑和自信。

爱笑的人运气不会差，相信你也会是一个喜欢微笑的人。

3. 多说"谢谢"

"谢谢"主要是一种感恩行为，这种行为往往是自发的、是反射式的，没有明确的目的。在面试的过程中，对面试官说"谢谢"能体现我们良好的职业素养，以及对面试官的肯定。说"谢谢"是在向面试官表达自己的友好态度，从而赢得更多的好感，为进一步面试打下基础。

人常说："礼多人不怪"。

很多初级测试工程师或者应届生，技术水平可能差距不大，但是面试官最后选择的人肯定是礼仪礼貌比较好的。这也是职场素养的一种体现。

4. 其他微表情

下面列出其他的一些微表情透露的情绪：

- 单肩抖动：不自信或者谎言，刻意隐藏某些内容。
- 回答问题生硬且重复：不自信，或者对问题根本就没有了解过。
- 身体行为和语言不一致：撒谎，典型的说东指西，不了解问题。

- 抬头挺胸且保持微笑：坚定，充满信心。
- 说话时音量变小：信心在降低，知识点理解不透彻，这也会导致面试官听不清楚。
- 小动作出现，例如摸耳朵、吞口水等：表示被问到了事实，与自己描述的相反。
- 手部动作太多：张扬，过度自信的表现。
- 语速加快、以障碍物遮挡在自己胸前：焦虑的表现。

第 10 章

细节应对策略

　　面试是推销自己的一个过程、展示自我的一种方式,需要将自己最优秀的方面呈现出来,而优秀的特征需要许多细节的支持,否则容易留下假大空的印象,就像一张饼,如果将它的形状、材质、表面粗糙度等特征具体传递出来,听者就不只是认为它是一个概念,可以看到具体的成像。在推销自己的过程中,对于微妙、自认为不易被人察觉的细节,更需要认真对待。因为任何一个细微之举,在面试官眼中都会被放大数万倍,都可作为判断求职者的依据。本章将介绍在面试过程中需要注意的一些项。

1. 重视自我介绍

　　为什么要重视自我介绍?因为自我介绍一般都是在推销自己时第一项要表达的内容,简历是面试官的第一印象,但有限的篇幅毕竟不能表达出自己的无限能力。可能有些求职者会有这样的疑惑,我的所有内容都已经在简历中体现了,为什么还需要进行自我介绍,口述一遍简历?其实在面试官眼中自我介绍是带有目的的,带有考核的目的,并且希望从求职者的表达中挖掘出简历中没有体现出来的东西,同时也可以考察出求职者语言表达能力、逻辑思维能力和总结概括的能力。对于求职者来说,通过自我介绍的时间来缓解自己的紧张情绪,使其快速进入面试的情境中,更能充分地表现出自己真实的能力。在自我介绍中,应该从以下几个方面进行:

- 时间:整个过程不宜过短,也不宜太长。维持在三分钟左右为宜,时间过短不能充分表达出自己的优势,时间太长会给面试官留下没有时间概念、拖拉等印象。

- 开场白：在开口时，需要表达出自己对此次面试的感激，一两句话即可。例如，"面试官您好，我很高兴参加今天的面试，感谢贵公司给我此次面试机会"。
- 基本信息：介绍自己的一些基本情况，比如姓名、毕业院校、毕业时间、专业、工作时间、工作岗位等，对于基本信息陈述要简明扼要。这些内容要介绍，但是也要有选择地介绍，说明自己的优势或与岗位匹配的一些内容。例如，我叫张三，陕西省西安人，2018年毕业于xx大学xx专业（如果你的毕业院校并不是很好，专业也不是出众或与应聘岗位不搭边，则可省略此条），重点要表现到现在已经有2年的工作经验，最近一份工作是在xx公司从事xx职位，表达自己与公司、岗位匹配的方面。这些选择都不是必需项目。
- 工作经历：主要阐述自己过往的工作经历、培训经历、学习经历。如果你是应届毕业生则可阐述自己实习、实践的经历以及学习情况，成绩优异者也可直接说出自己的绩效成绩。阐述时要由远及近、由概至详，概要地表述之前的经历，详细表述最近的工作。如果有特别突出的贡献，尽量详细地描述。
- 价值体现：这部分内容需要与职责要求结合起来，充分说明自己掌握的技能，一定可以出色地完成工作。例如，职位要求熟练掌握测试用例设计方法，则可表述为通过以上工作经验，我已经熟练掌握测试用例的设计方法。
- 结束语：结合求职要求，表达出自己对本次面试岗位的渴望，对公司价值观的认可，最后再次表达出感谢。

因为自我介绍基本上是面试必须进行的第一个环节，对此可以早做准备。如果没有这方面的经验，则可以使用下面的方法进行，先做加法然后做减法。将自己所有的内容写出来，尽可能全面地写出来，写出来的东西最能够看出自己的思维。写完之后再做减法，将无关紧要的内容删除、重复烦琐的内容进行精简压缩，如果是自己不确定的内容，可以寻找有经验的人员征询。整理之后的自我介绍应该是有模块划分的，比如开场白模块、工作经历模块、个人价值体验模块、结束语模块等。自我介绍文章整理好之后就是练习、熟悉、自我练习、模拟练习，每一场都当作实战进行练习。练习时切忌死记硬背，要心中有逻辑、有条理、有层次地表达出来，同时注意自己的仪表、态度、目光、表情。下面是一份简单的自我介绍示例。

面试官下午好，非常感谢贵公司给我这次面试的机会！

我叫张三，是一名 xx 大学 xx 专业的应届毕业生。本人性格开朗，接受新事物的能力较强，做事细致专心，能够承受较强的工作压力，有较强的集体观念和团队协作精神，并且经过四年的大学学习，在软件测试方面不断努力，现已具备作为一名合格的软件测试工程师应有的专业知识，如今正准备带以高昂的热情与所学的知识踏入社会，实现自身价值。

在来面试之前，经过自己的深思熟虑，认为自己比较符合并且有能力担任贵公司的软件测试职位，在这四年大学学习中，我一直以高标准要求自己，学习 Java、Python 语言、测试基础理论、网络协议、数据库、Linux 操作系统等相关知识，现已有较多的专业知识储备和严谨细致的工作作风。同时在此期间，我本着自强不息的原则，学以致用，团结同学，并加入 xx 协会，担任 xx 职位，做 xx 工作，收获了许多（此处收获需要具体说明），力求使自己成为高素质的人才！经过四年的努力，xx 年获得 xx 奖励，获得英语四级证书、计算机 Python 程序语言设计二级证书。

在踏入社会后我会继续严格要求自己，长期从事软件测试这个行业，吸收足够的工作经验和工作技巧，并从贵公司发展，以便给贵公司带来更大的经济效益。

我目前的工作经验不足，但我相信自己的能力，也请贵公司相信我并给我一个展示自己的舞台。我相信依靠努力，我将成为最合适的！

2. 注重细节

细节决定成败，任何场合都是适用的。比如一个不经意的动作或者有不满意的表情流露，都会引起面试官的注意。虽然有些细节做得不够好、不到位并不会直接导致面试的失败，但是所有环节叠加出来的细节将会对面试结果产生很大影响。通过细节的推敲，面试官可以推断出候选人的阅历及习性。用一句话概括：细节中藏露着你走过的路，爱的深沉的工作。本节主要谈谈如何注重细节，提高自信。

（1）充分准备

战前需要充分准备，研究对手。知己知彼，百战不殆，准备足够弹药，才能在面试战场获胜。例如，在面试前需要了解面试公司的基本情况、基本业务、岗位需求，浏览官网或开发的软件，作为测试人员，如果能找到几个 BUG，在面试中将会是加分项。再比如谈项目经验，提前整理思路，顺畅连贯地说出自己负责的模块是怎么进行测试的、用的什么技术、遇到过哪些问题、最后是怎么解决的、收获了什么。最后提前准备两个实际事例，加强说服力。充分准备总结起来就是两点，了解面试公司和完善自我，准备可能会遇到麻烦的解决方案以及突发问题的应对方法。充分的准备还可以减少在面试中出现的紧张、啰唆。

（2）有的放矢

有的放矢是要在面试中保持稳重、精简和灵活。稳重是保持自己应有的态度，比如进入之后面试官说"请坐"，应礼貌地回一句"谢谢"，坐下后保持应有的坐姿，抬头挺胸，目光直视面试官，表现出沉着、冷静。精简是自然大方，例如在回答问题时先组织好答案的逻辑层次，语句不拖拉、不拖音。灵活指张弛有度，可进可退，比如遇到不熟悉的问题，可转化为自己熟悉的方面，切忌沉默、低声细语、吞吞吐吐。

（3）保持气场

在此需要纠正许多求职者的一个观点，求职就等于将自己最好的一面展示出来，使企业选择自己。其实不然，求职并不是企业选择求职者的一面，这是一个双向选择的过程，所谓的面试实质是企业考察求职者、求职者面试企业。因此，求职者应保持自身的底气，外在注重形象、谈吐得当，内在自信，例如衣着得当、说话铿锵有力、坚定、语速适中。

"致广大而尽精微"。有位经理谈起过，一个人的去留往往在第一印象和简单的对谈中基本可以决定。在此，与所有的读者共勉。第一印象指个人装扮、精气神，简单的对谈指语言表达、思维逻辑，由此表现出外在美和内在美，这两种美是由细节的叠加而产生的。

3. 以诚相待

以诚相待是自动地、不知不觉地流露出来的，是面试官所要看到的基本特性，也是求职者在选择公司时需要注意的一个特性。当然，用心、诚实的聊天并不是和盘托出，而是突出自己的优势、淡化自己的不足、未知的稍作转移，使用一定的技巧展示自己的聪明、机灵和智慧。之前华为的一位面试官曾吐槽，许多求职者在面试中极力表现自己的能力和实力，却忽略了诚信。

例如，当面试官问道："你和其他人发生过争执吗？是怎么解决的？"对于这个问题，回答"没有"肯定是不明智的，因为只要是工作就会犯错，与他人协作就有可能引起争执，就像测试人员和开发人员经常争论是不是 BUG 的问题。对于此类问题，要勇敢地面对争执，善于处理，总结争执。面试官也希望看到求职者的真诚与智慧，希望看到的是处理争执，而不是没有发生过争执。在回答时可以用一些频率比较低的词来说明，最好带着真实事例来说明，最后给出协商解决的方法以及总结，尽量避免争执的发生。比如可以这样回答：偶尔也会发生一些轻微的争执，就像我在测试过程中提出了一个 BUG，但是开发人员认为不是BUG，此时我会拿出需求文档向开发人员解释，当我们两个对需求逻辑的理解出现偏差时，寻求产品经理的帮助，重新梳理需求，确认 BUG 是不是问题。在开需求会议时我都会尽量将含糊不清、可能存在的问题弄清楚，减少不必要的失误。

4. 扬长避短

扬长避短是一种技巧，能有效地规避尴尬的气氛。在技术面试的过程中，遇到不会的问题是家常便饭，良好的处理问题有时会比直接给出答案收益更丰满。扬长避短需要不断地摸索总结和与他人交流获得，无论以哪种方式获得，在面试中能够巧妙运用、应对己短就是成功的。在面试之前要有一个认识，面试的最终目的是拿 offer，但并不是面试中的全部问题回答正确就一定可以拿到 offer，技术问题只是一方面，能力、表现、突发情况应对等也是一部分。

例如，面试官询问"对数据库 MongoDB 了解吗"，自己并不知道是什么东西，可能都没听说过，这时可以先向面试官了解一下 MongoDB 是什么，然后将自己知道的数据库表达出来，比如说自己对 SQL Server 比较熟悉，接着解释一些常用的操作，最后根据面试官对 MongoDB 的说明与 SQL Server 进行简单的联系，表达出自己对该问题不了解，但是对相关的内容还是有涉及的。遇到不会的问题，先理清思路，保持足够冷静再开口，这样可以尽量避免说错话。如果是一个复杂的场景，面试官往往在乎的是候选者解决问题的能力，而不是最终答案，当然能回答出答案是更好的。这时可以说出自己的大致思路，然后进行细化，具体到每个点，在具体化过程中不断地和面试官进行交流，探讨问题的细节做法。如此给面试官留下具备复杂问题应对的能力且有清晰的判断。如果是某些特别专业的问题，在思考 1～2 分钟后实在是没有想法，就需要诚实回答不会，并且用其他话题代替，避免出现沉默，比如可以回答"刚才说的这个问题，关于 xx 技术，很抱歉，我对此不是很了解。但是我曾经了解过类似的技术 xx，并且在项目中使用过，比较熟悉，如果你有兴趣的话我可以谈谈"。

以最好的心态面对未知的面试，即使有短板，也尽可能展现出自己最优秀的一面。

5. 举例说明

大多数面试的方式都是一问一答，那么作为求职者怎么回答一个问题才能有征服力——以实例说明。当解释一个概念或描述一个场景时，纯粹的教科书式的背诵显得生冷僵硬，要是带上示例或项目中发生过的小案例，则能体现出自己的经历丰富，表达的意思更明确、面试官更容易理解。

举例时可以采用 5w 的方式：who（谁），when（在什么时间），where（什么地点），what（做了什么事），why（为什么这么做），最后给出一个结果。例如，面试官说"您所熟悉的测试用例设计方法有哪些？请说明其中一个方法的使用。"首先回答"测试用例的设计方法有等价类划分法、边界值法、因果图法、判定表法、正交排列法、测试大纲法、场景法"。然后回答"经常使用的是等价类划分法和边界值法。等价类划分法是根据程序对数据的要求把程序的输入域划分成若干个部分，区分出哪些数据是有效的、哪些数据是无效的，从每个部分中选取少数代表性数据作为测试用例。边界值法对输入或输出的边界值进行测试。例如在登录页面进行测试用例设计时，用户名为手机号，根据等价类划分法可以分为有效值和无效值，有效值为 13 位数字的手机号，无效值可分为字符串、空、不足 13 位的数字、超过 13 位数字的值、特殊符号、不符合手机号规则的数字等。根据边界值法可分为 13 位数字、14 位数字。然后根据有效值和无效值进行设计测试用例，这样设计的目的可以尽可能地覆盖使用场景。"如此回答更能说明出自己对测试用例设计方法的熟练掌握程度。通过列举有代表性的、恰当的事例来说明事物特征，使欲描写的事物更清晰。

6. 做与计划

朋友 A 应聘一家网络公司测试工程师职位，初试技术面试与复试面试相隔三天时间。复试时面试官先简单地介绍了一下自己，然后大致了解了 A 的情况。抛出的第一个问题就是"初试到现在已经过去了三天时间，在这三天时间中你都做了什么？" A 的回答是"初试时自己在网络协议方面了解得还不是很深，这三天时间中翻看了自己以前做的网络协议笔记，并且准备重新学习《HTTP 权威指南》"。话还没说完，面试官打断他说了一句："我想了解的是你做了什么，不是计划做什么"。A 只能说些简单的内容"这几天重新看了网络七层模型、状态码……""传输层是做什么的？"紧接着面试官就追着网络协议的一些问题提问。很显然面试官是一位非常注重实际经历或已经完成的，因为计划可能是空的，只有真正落地的才是面试官喜欢的、企业需要的。

这也说明，认真对待每一次面试是非常有必要的，要注重面试后的总结（哪些做得不好，哪些还可以继续保持），永远把自己放在一个求真务实的位置。面试也是一个学习的过程，如果实地完成就是一个效率非常高的学习机会。比如面试官询问："Python 中深拷贝和浅拷贝有什么区别？"如果自己不会或之前看过一时想不起来，面试结束后就需要对此深入了解，加深印象，以后即使不是面试，看到此问题也会眼前一亮，想起曾经在面试时遇到过，现在理解得非常透彻。永远不要将自己的计划当作完成看待。在平时自己选择什么就会成为什么，在面试中需要被面试官塑造，也需要自我塑造。面试中涌现的念头，面试后执着的行动，造就面试的成败。

7. 全局把握

在与面试官交流时，很多情况下面试者都喜欢说一句"我不会，但是愿意去学"，也许没有直接说出来，但是间接地表达了出来。面试者在自我感觉上表达出了积极谦卑，但是背离了企业招聘的目的，如果是应届毕业生情况还会好一点，能表达出自己积极向上学习的态度，面试官也会理解应届生没有实际工作经验，企业也许会考虑培养。如果是有工作经验者，那么对不起，企业是要创造利益的，招聘的人员是要能解决问题、能给公司带来收益的，而不是做免费培训的机构。

在遇到不会的问题时该怎么应对呢？不要紧张，调整好心态，将自己知道的或了解到的如实告知面试官。心态很重要，避免影响接下来的交流。面试看的是整体，不是某一个问题。只要整体交流顺利，中间一两个不会的问题也不会影响最终的结果。如果企业决定录用你，就说明面试官了解到你在工作中有绝对的能力或方法来解决刚才不会的问题，或者可以通过引导成功解决此问题。

推销自己时不要在意一城一池的得失，要有全局观，把握整体的胜利。

8. 离职原因

如果不是应届生求职，那么在求职面试中有一个话题永远绕不开，那就是"离职原因"。HR 经常会问道："你为什么要从上家企业离职？"或者"你为什么打算离职？"前者是针对已经离职的人来说的，后者是针对还未离职但已经计划离职的人来提问的。针对离职原因，要从四个方面把握，HR 询问离职原因的目的是什么？什么样的答案合适？不同的回答对于面试有什么影响？除过直接询问，还会从哪些方面来了解离职原因？

（1）HR 询问离职原因的目的是什么？

HR 通过求职者的离职原因描述来判断求职者的工作稳定性、个人品行、热爱此岗位的程度，以及加入公司后与团队是否融洽、与岗位是否匹配。企业的目的是寻找一个工作稳定，能与同事协同工作，认同企业文化、价值观，长久任职。通常，聊过之后 HR 基本可以判断出候选者的价值观、人际关系、职业规划、岗位匹配等。

- 价值观：虽然说价值观可能有点虚无缥缈，但是从长远来看，正确的价值观与公司的价值理念相吻合，可以使员工跟着公司走下去，一致的价值理念更利于管理，也可增加员工的稳定性。
- 人际关系：工作需要相互配合，与不同性格的人员协同，在团队中拥有成熟的心智，高情商的员工更利于开展工作。
- 职业规划：对自己职业进行很好的规划，可以为工作更拼搏，不断尝试更好的方法提高工作效率，企业不希望员工没有建树、慵懒、无上进心。
- 岗位匹配：在面试前需要认真了解新岗位的属性。在回答离职原因时千万不能与面试的岗位有相悖的言语。

（2）什么样的答案合适？

以客观原因为主，比如公司业务转型、公司资金链断裂、薪资无法按时发放等。避免个人主观原因，例如关系相处不融洽、领导差劲、薪资待遇太低等。下面介绍几个案例，以供参考。

适合回答的案例：

- 资金链断裂，老板携带资金跑路，被迫离职。
- 公司经常出差，以前我单身的时候无所谓，现在是两人了，很快就是一家三口了，不能接受经常出差，需要稳定。
- 工作顺利，没有挑战性。
- 公司搬迁，离家太远。
- 对目前公司的技术框架比较熟悉，希望能接触更多有挑战性的开发工作，所以考虑新的机会。
- 领导对业务没有长远规划，加上领导层频繁变动，故考虑新的机会。
- 公司业务调整，我所负责的项目被叫停了，在公司没有太多事情做，所以希望换个环境。
- 公司现技术框架已经相对固定，后续的工作主要是系统维护和优化，没有太多事情做，所以考虑合适的工作机会。
- 公司组织架构调整，岗位职责模糊，想寻找更有发展前景的平台。

不适合的案例：

- 一直加班，工资还低，付出和收获不能成正比。（HR会认为太挑剔，抗压不强，不愿意吃苦。）
- 上家企业xx不好，所以离职。（HR会认为同样的原因也会离开本公司。）
- 世界那么大，我想去看看。（HR会认为是一个任性的人。）
- 公司没有发展前途。（HR会认为当初选择了公司，还工作了好久，应该是能力达不到公司要求。）

理由有很多条，归根都要把握住一些原则。在应对时要不卑不亢，不能损害上一家企业利益，不能损坏自己的形象，通过自己的回答可以使对方提升好感度。

（3）不同的回答对于面试有什么影响？

在开口回答之前要将答案从头脑中走一圈，比如因为公司996、压力大、项目推进困难等原因，就要考虑HR会不会认为自己长期发展困难，遇到压力或问题就退缩。再比如自己觉得工资低、晋升不顺利、特长没得到发挥、价值没有体现，那么是否有足够的贡献来说支持这些。如果回答公司经营不善、工资无法按时发放等，那么HR也能理解离职，因为HR也是员工，也需要基本的生活保障。

（4）除过直接询问，还会从哪些方面来了解离职原因？

了解离职原因不只是从一次的回答就能得到答案的，HR 也会从其他侧面进行了解，比如你怎么评价你上家公司、你上家公司同事怎么评价你等。除此之外，也可能会进行背景调查，在某些公司背景调查是入职前必须做的一项内容。

综上分析，回答此问题要以客观原因为主、不要抱怨、不要带有负面原因，在回答时不要与之前或之后的一些谈话矛盾。

9. 明确薪资

薪资是面试中必会谈及的一个问题。如果对薪酬的要求太低则会贬低自己的能力，但是如果对薪酬的要求太高则会显得求职者分量过重，公司受用不起，也会被认为对自己认识不清楚。通常，在岗位 JD 中都会对应聘的岗位有一个薪资范围，求职者可作为参考。

在谈及薪资时，求职者必须给出一个合适的答案，例如"我对工资没有硬性要求，同时我希望公司能根据我的情况和市场标准的水平给我一个合理的薪资。""在工作中，我主要注重的是机会，所以只要条件公平，我则不会计较太多。"有时候公司也会要求面试者给出具体数目，此时则不能说一个宽泛的范围，企业会认为是求职者能接受的最低薪资是范围的下限，那样求职者就只能得到范围下限的数字，最好给出一个具体的数字，这样可以表明自己对目前市场做了调查，明确自己的价值，自己能够给企业带来的价值、获取的报酬。在给出自己的薪资要求前，求职者应该提前做好心理承受，主要从行业薪资水平、公司 JD、企业薪资结构三个方面预估自己可以获得的报酬。

- 行业薪资水平：不同地区、工作年限、所处岗位（例如功能测试和性能测试）等不同薪资水平会有所不同。可以从各大招聘网站上的薪资水平、同行业的朋友或同学、一些技术交流群等获得，也可参考一些机构每年的调查问卷。
- 公司 JD：许多公司在发布 JD 时都会给出一个薪资范围，该范围只供参考，通常来说给出的最低标准就是求职者可以拿到的薪资，如果能力出众，则可适当提高薪资。
- 薪资结构：谈论薪资时 HR 都会明确表示出企业的一些福利，例如年度奖金、六险一金、节假日等。六险一金、节假日福利等只要是正规公司都会有，求职者只需要了解是怎么安排的、缴纳比例等即可，这些福利公司都是规定好的，不会对某一个人特例。对于薪资，可以做重点了解，例如月薪一万元、一年发放14个月、无项目奖金、上班制度996、大小周、无加班费、加班太晚报销车费等。某些 HR 可能还会告诉求职者公司上市后会有股权分红等，求职者需要擦亮眼睛，认清真实性，据知乎问答、贴吧等公众平台反馈这些基本是一个大饼，只是为了压低薪资、吸引来搬砖而已。

10. 把握最后的提问

在与面试官交谈结束后，出于礼貌面试官都会在最后问一句"我该了解的基本都已经了解，你还有什么问题吗？"对于这样的提问，我们需要弄清楚面试官为什么这样问，想要怎样的答案。其实这样的提问也是考察的一部分，求职者如果能提问一些有水平、有价值意义的问题，会给面试官留下深刻印象，此刻虽然预示着面试即将结束，但并没有结束，还在双方选择的过程中，既然如此，求职者就需要认真对待。对于企业来说，不太喜欢说"没问题"的人，因为需要注重员工的个性和创新能力。面试官更希望求职者能询问自己一些公司的发展策略、管理文化、培训晋升等方面的问题，希望看到未来加入公司的人认可公司文化、有上进心。因此，求职者可以这样进行询问"目前项目人员架构是什么情况？测试人员在组织架构中属于哪个层级？发展路径是怎样的？"或者询问个人工作能力或素质"您觉得什么样的人能出色地完成这份工作？哪些是最重要的能力和素质？"又或者询问面试官"您为什么会喜欢在这个公司工作？您个人最喜欢它的哪个方面？"如果真的没问题，也要选择有情商的回答，例如"原本有一些问题，但是刚才与您交谈的过程中已经有了答案。"接下来列出一些适合最后提问的问题和不适合最后提问的问题。

适合提问的问题：

- 公司的职位为什么会空缺，上一位人员为什么要离职？
- 公司这个测试岗位最大的挑战是什么，除了做正常的工作之外，还会接触到哪些项目？
- 职业规划，如果我有幸入职，对于这个岗位，您对我1～3年职业规划的建议是什么呢？
- 公司是否提供岗位培训？晋升机制是怎样的？是否有外派、轮调、转岗的机会？
- 公司希望我在三个月的试用期后能达到什么样的水平，具体的考核标准是什么？
- 公司的近期和远期发展目标，我最近看到公司的业务方向有转向xx的趋势，未来是要进军xx市场吗？未来目标是怎样的？
- 进入公司后，会有师父带吗？（应届生）
- 您认为贵公司在用人上是怎么思考的，希望我们在工作的时候以什么样的原则或者说共识去处理事情？

不适合提问的问题：

- 直接拒绝：没有什么问题可以提问。
- 薪资问题：薪资多少？有没有交通补贴、餐补？

- *私人问题：公司管理层最近爆出 xx 问题，是真的吗？*
- *无关问题。*
- *加班问题：公司加班吗？*
- *个人表现问题：我能通过本次面试吗？*
- *百度可以得到答案的问题：公司是哪一年成立的，上市了吗，融资几轮？*

提问是一门艺术，在面试中有时候最后的提问能起到力挽狂澜的作用，比回答问题更有价值。

技 篇

第 11 章

逻辑思维应对

　　面试过程中处处都透露着思维逻辑的考察，在个人简历、笔试、自我介绍、技术面对面等地方都存在。通过思维模式、逻辑思考可以考核候选者的表达沟通能力、组织协调能力、逻辑思维能力、问题解决能力等，由此匹配公司的职位要求、企业文化、价值观。本章主要从笔试思维、面试思维和逻辑推理三个方面进行总结。

11.1　笔试思维

　　笔试除了是对面试者技术能力的验证外，还存在考察面试者对各种信息的理解、判断、分析、综合、推进及类比等日常逻辑思维的一些问题。笔试因不能面对面直接说出自己是怎么思考的，所以要在有限空间的答案中表达出自己的思维逻辑、习惯习性。

　　示例 1：假设有一个池塘，现有两个空水壶，容积分别为 5 升和 6 升，如何只用这两个水壶从池塘里取得 3 升的水？

　　解答：

　　（1）6 升容器装满水，将水把 5 升容器倒满，则 6 升容器中剩下 1 升水。

　　（2）清空 5 升容器，并将 6 升容器中的 1 升水倒入 5 升容器中。

　　（3）6 升容器装满水，将水把 5 升容器倒满，则 6 升容器中剩下 2 升水。

（4）清空 5 升容器，并将 6 升容器中的 2 升水倒入 5 升容器中。

（5）6 升容器装满水，将水把 5 升容器倒满，则 6 升容器中剩下 3 升水。

示例 2：实验室里有 8 瓶饮料，已知其中有且仅有一瓶有毒，小白鼠喝了有毒的饮料后，将会在 24 小时后毒发身亡。用什么方法可以在 24 小时后知道有毒的饮料是哪瓶，最少需要用几只小白鼠试喝饮料？

解答：使用二进制的计数方式对 8 个瓶子进行标号，分别是 0（000）、1（001）、2（010）、3（011）、4（100）、5（101）、6（110）、7（111），编码后的 0/1 位表示一只老鼠。按照 3 只二进制位中每位是否为 1 分类，将最低位为 1 的 1、3、5、7 号瓶子的药混起来给老鼠 1 吃，次低位为 1 的 2、3、6、7 号瓶子的药混起来给老鼠 2 吃，最高位为 1 的 4、5、6、7 号瓶子的药混起来给老鼠 3 吃。24 小时后，通过死鼠获得相应的 1 位标。如最低位老鼠 1 死了、次低位老鼠 2 死了、最高位老鼠 3 没死，则为 011=5 号瓶子有毒。推导 n 只老鼠可以最多检验 2^n 个瓶子，所以 8 个饮料最多用 3 只小白鼠。

示例 3：假设时钟到了 12 点（时针和分针重叠在一起），那么在一天之中时针和分针共重叠多少次？你知道它们重叠时的具体时间吗？

以角速度来计算。分针每小时一圈，其角速度为 360° 每小时，时针每 12 小时一圈，其角速度为 5° 每小时，每天从 0 点 0 分开始，因此重叠的时间方程为 $5 \times t = 360 \times t - i \times 360$。其中，$0 \leqslant i \leqslant 23$ 且为整数，t 的单位为小时。

解答：每个小时中分针总要追上时针一次，而在 11 点和 12 点时共享同一个重合点。因此一天有 22 次时针和分针重叠。

示例 4：ABCD 是一个四位整数，它的逆序为 DCBA，试推理求出 ABCD，使得 ABCD ×4＝DCBA。竖式：

```
  A B C D
×       4
-----------
  D C B A
```

第一步：A×4＋n＝D 且 D 不能进位，则 A = 0, 1, 2。

A = 0，不可能，因为这不是四位数。

A = 1，不可能，D×4 没有等于 1 的。

A = 2，D = 8 即 2BC8×4 = 8CB2。

第二步：同理，B×4＋n＝C 且 C 不能进位，则 B = 0, 1, 2。

B = 0，C×4+3=0，C 无解。

B = 1，C×4+3=1，C=7，B×4+3=7，成功，即 2178×4 =8712。

B =2，C×4+3=2，C 无解。

示例 5：四个人（A、B、C、D）过桥，一次最多能过两个人，他们的手电能维持十七分钟，每个人所需的时间分别为 1、2、5、10，求最快可以多长时间全部过桥？

解答：最快需要 17 分钟。A 和 B 先过（2 分钟），A 回来（1 分钟），C 和 D 一起过（10 分钟），B 回来（2 分钟）接 A，A 和 B 一起（2 分钟）。2 + 1 + 10 + 2 + 2 = 17。

示例 6：有一组数据"72、36、24、18、（）"，根据一定的规律求括号中的值。

解答：

72 / 36 = 2 / 1

36 / 24 = 3 / 2

24 / 18 = 4 / 3

18/x = 5 / 4 ==> x = 14.4

11.2　面试思维

在面试测试工程师岗位时，许多问题的回答都需要捋清思维，让面试官感受到自己不是一个乱糟糟的人，做事有井有条且思路清晰。在应对思维方面，要把握住三点：基本态度、理由充分和总结。基本态度是指对一个问题要有自己的立场，明确的态度，不能含糊不清；理由充分指对自己所认同的观点具有合理且充分的阐述，常用"首先，然后，最后"或者"第一点、第二点"等带有层次感的词进行展开说明；总结是指在自己阐述的理由基础上加以总结，得出结论。有节奏的办事效率才能赢得面试官的喜爱，领导也放心将工作交付你执行。

示例 1：我儿子是你儿子的爸爸，请问我和你是什么关系？

此题考察候选者的临场发挥能力，可以把它转换为设计测试用例看待，首先从字面关系可以看出一家人中"我"比"你"高一辈分，其次判断"我"和"你"的性别，通过这两点不难判断出两者之间的关系。

解答：通过描述可以知道"我"比"你"高一辈分，但是语句中没有描述性别，所以"我"和"你"都有男、女两种可能，然后通过组合即可知道两者之间的关系。

第一种："我"的性别是女，"你"的性别是女，关系是"我是你婆婆"。

第二种："我"的性别是女，"你"的性别是男，关系是"我是你妈妈"。

第三种："我"的性别是男，"你"的性别是女，关系是"我是你公公"。

第四种："我"的性别是男，"你"的性别是男，关系是"我是你爸爸"。

示例 2：烧一根不均匀的绳要用一小时，如何用它来判断半小时？烧一根不均匀的绳，从头烧到尾总共需要一小时。现在有若干条材质相同的绳子，如何用烧绳的方法来计时一小时十五分钟呢？

解答：将一根绳子从两边一起烧，烧完耗时为半小时。

先取两根绳子，一根从一端烧，一根从两端烧，两端烧的绳子烧完时，将一端烧的绳子熄灭。这时得到了可烧半小时的绳子。再将可烧半小时的绳子从两端点燃，燃尽的时间即为十五分钟。再取一条绳子从头烧到尾可得到一小时，加起来总共是一小时十五分钟。

示例 3：有一个没有刻度的长方形的塑料盒子，没有盖子，它的容积是 1 升。请问如果只能使用这个盒子称量，下面几个选项哪个能够准确地量出？

A. 0.4 升   B. 0.5 升   C. 0.8 升   D. 0.3 升

解答：将长方形盒子倾斜，水位到达盒子的上一边及底下的边线即可量出 0.5 升的水。也可以使盒子的一个角落地，将盒子倾斜，当水位到达盒子的对角线即可获取 1/6 升的水。

11.3　逻辑推理

逻辑推理就是要求职者以敏锐的思考分析、快捷的反应、迅速地掌握问题的核心，在最短时间内做出合理正确的选择。良好的逻辑思维有助于在工作中客观认识事情，准确表达自己的思想。

示例 1：图形推理题，根据图 11-1 第一组图形的变换找出"？"处的图形。

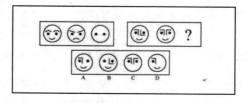

图 11-1　图形推理题（1）

根据第一组图形变换可知，第三个图是前两个图的相同部分，去异存同，即第一个图形与第二个图形重合后提取相同部分即为第三个图形，因此结果为 A。

示例 2：图形推理题，根据图 11-2 第一组图形的变换找出"？"处的图形。

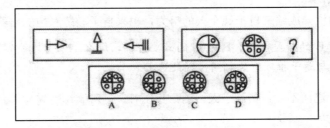

图 11-2　图形推理题（2）

　在第一组图中，下一个图形是上一个图形逆时间转 90° 后下面加一横线。在第二组图中，第二个图形在第一个图形逆时针旋转 90° 后在每个扇形小格中添加一个小圆。同理，第三个图是在第二个图的基础上逆时针旋转 90°，在每个扇形小格中添加一个小圆，所以结果为 C。

示例 3：一个房间中，一群人在聊天。其中，一个人是沈阳人，三个人是南方人，两个人是广东人，两个人是作曲家，三个人是诗人。假设以上介绍涉及房间中所有的人，那么房间中最少可能是几个人？最多可能是几个人？

A. 最少可能是 4 个人，最多可能是 9 个人

B. 最少可能是 3 个人，最多可能是 8 个人

C. 最少可能是 4 个人，最多可能是 11 个人

D. 最少可能是 5 个人，最多可能是 9 个人

E. 最少可能是 5 个人，最多可能是 11 个人

　最少可能是 4 个人，因为南方人和沈阳人身份不重合，而其他身份可以重合。4 个人中可以有两个人是广东人，两个人是作曲家，三个人是诗人。最多可能是 9 个人，因为三个南方人中一定包括两个广东人，其他身份则可以不重合。所以，答案是 A。

示例 4：中华腾飞，系于企业；企业腾飞，系于企业家。因此，中国经济的起飞迫切需要大批优秀的企业家。下面哪一种逻辑推理方法与上述推理方法相同？

A. 红盒中装蓝球，蓝盒中装绿球。因此，红盒中不可能装绿球

B. 新技术增加产品的科技含量，科技含量增加产品的价值，技术含量低的产品价值低

C. 生产力决定生产关系，生产关系决定上层建筑，上层建筑又反作用于生产关系

D. 优秀的学习成绩来自于勤奋，勤奋需要意志支撑。因此，要取得好的成绩必须具有坚忍不拔的意志

E. 王军霞的优异成绩来自于她个人的努力，也来自于教练对她的培养

 A 是 B 的必要条件，B 是 C 的必要条件，那么 A 是 C 的必要条件。只有 D 选项与题干推理方法相同，因此选 D。

示例 5：甲：己所不欲，勿施于人。乙：我反对。己所欲，则施与人。以下哪项与上述对话方式最为相似？

A. 甲：人非草木，孰能无情？

   乙：我反对。草木无情，但人有情。

B. 甲：人不犯我，我不犯人。

   乙：我反对。人若犯我，我就犯人。

C. 甲：人无远虑，必有近忧。

   乙：我反对。人有远虑，亦有近忧。

D. 甲：不在其位，不谋其政。

   乙：我反对。在其位，则行其政。

E. 甲：不入虎穴，焉得虎子。

   乙：我反对。如得虎子，必入虎穴。

 A→B，反对，非 A→非 B。只有 B 选项与题干类似，所以答案是 B。

第 3 篇

技 篇

第 **12** 章

职业素养和规划

当进入 IT 行业，从事软件测试工作时，就需要承担具体的工作职责，工作的开展就需要与团队其他成员进行协作，共同完成一定的任务，解决实际问题。长期转化为一种技术能力，也就是职业素养。职业素养可以促使人奋发进取，对自己的未来制定目标，按照自己的规划充实完善自我，实现未来人生的职业目标。

12.1 正确认识自己

正确认识自己就是一个人对自我的认识要与自我的实际情况相符合。正确全面地认识自己的长处和不足，客观评价自己的能力。在面试过程中正确认识自己可以展现个人能力，突出优点规避短板。

示例 1：你最大的优点是什么？

通过这个问题，面试官可以判断候选人的优点是否符合公司要求，是否符合所申请工作的任职资格，是否是这个岗位最有力的候选人。在面试之前，候选人应该对自己有个充分的认识，在回答该问题时可以通过工作经历找到与岗位的契合点，通过使用 STAR 模型展现个人能力，突出自己的优点。

解答：我在工作中非常负责任。在需求分析提取测试点时，对需求文档会进行反复查看，对每一块每一点需求做到熟悉明白无疑义。在设计测试用例时会使用等价类、边界值等方法进行，并且与同事进行讨论，确保尽可能多地覆盖测试场景。在用例执行时会根据测试用例认真执行，也会对测试用例相关的内容进行拓展测试。有次因为一个同事请假导致版本提测延后，但是还要根据计划进行上线，致使测试时间压缩，但是为了保障产品质量，按时上线，我选择了加班进行项目测试，这样一来测试工作可以正常进行，不会因为时间而造成未测试到位的情况。

示例 2：你最大的缺点是什么？

面试官问这个问题是想看一下候选者的自我认知，对自身的了解和自我评价。有两个目的，第一是根据候选者的自我表述和面试官的分析进行对比，判断候选者的诚实度和对自我的客观认知。第二是根据性格判断是否符合职位需求。在回答此问题时有几个忌讳点，所描述的缺点不能和职位需求有冲突；避免谈到致命弱点，比如不喜欢合作、迟到、早退等；忌讳将缺点谈成优点。应该回答成一个与职位相关，并且可以将负面问题转到积极正面的方向上。

解答： 我认为我自己最大的缺点在于时间管理能力不强。有时候工作非常繁忙，时间安排得也不是很合理，导致手忙脚乱，自己需要加班弥补。为了克服这个问题，我向身边时间管理能力比较强的同事进行讨教，仔细阅读了李笑来的《把时间当作朋友》。最后得出了一个结论，列出个人工作计划表，合理安排工作时间，将事情区分出轻重缓急。并且使用便利贴将重要的事情记录贴在计算机上，时刻提醒自己。此方法已经开始了一个月，效果还是比较好的，平时的工作安排都会井然有序地进行。虽然已经取得了不错的效果，但是要想效果更佳还需继续坚持下去。

示例 3：你上家公司同事怎么评价你？

解答： 我的同事认为我是一个比较随和的人，总是能站在别人的角度考虑问题，与不同岗位、不同性格的人都可以很好地相处。也有同事说我是一个可以信赖的人，因为我答应别人的事情都会做到。如果我做不到，就不会轻易许诺。

示例 4：你的朋友如何评价你？

此问题与本节示例 3 的目的大同小异，都是考察求职者的个人表达能力和认识能力。回答时需要突出自己的优点，但是不能说得太过直白，与此同时需要强调自己的能力非常适合做测试工作。

示例 5： 评价一下你的上家公司？

 积极正向地回答。感谢上家公司给我们提供的工作机会和展示平台，并且表现出我们在上一家公司都学到了哪些。面试官通过这个问题可以大概了解一下应聘者是否具有感恩的情怀。切忌口无遮拦地放大上家公司的劣势，否则，很遗憾，面试就会到此为止。笔者之前面试过一个人，他在面试中频繁表达对上家公司的不满，但是笔者着急用人，也就安排入职了。结果不到半年，该求职者离职后也是以同样的说辞应对新的公司。每家公司都有自己的优势，也有自己的不足，没有十全十美的公司，所以我们要有一颗平常心来对待每一份工作，做好自己，完善自己。

示例 6： 你认为成为一个优秀的测试人员应该具备怎样的素质？

 正能量，切合平时工作和岗位要求进行作答。这个问题属于开放性问题，作答时切合公司的需求最佳。

解答：

- 良好的沟通能力和表达能力，团结合作，团队协作。
- 持有好奇心和怀疑态度。
- 对公司需要有归属感，对项目必须要有责任感和抗压能力。
- 自信心，需要有自己的观点、自己的想法。
- 工作时需要耐心，也需要细心。
- 创造性思维、发散性思维和逆向思维。
- 乐于学习，善于总结，对自己的职业规划很明确。
- 文档编写能力。

示例 7： 你为什么选择我们公司？

 面试官主要想了解求职者的求职动机、愿望以及对工作的态度。求职者可以从公司所处行业、企业背景和岗位要求三个方面来考虑回答。

解答： 在应聘单位中我之所以选择贵公司，是因为看重了贵公司在业内的影响力以及公司的实力。我也从一些论坛/朋友那里了解到贵公司十分重视人才，而且岗位要求与我也非常般配，我相信自己一定能做好。

示例 8： 在同一个项目组内，你认为你怎么做才会比其他测试人员更加优秀？

 从硬实力和软实力两方面回答，例如列举自己的专业技能、协作能力、规划能力等，也可谈谈自己对岗位的理解以及未来的规划。

解答：

- 对产品业务功能模块熟悉度更高。
- 提高工作效率，主动推进问题的解决。
- 对测试流程、测试技术、框架等理解更深入。
- 有非常好的代码编写能力。
- 与组外、组内等人员乐于合作、交流。
- 有协调推动问题、组外合作等能力。
- 对自己有一个明确的规划，持续学习进步。

示例 9：你觉得软件测试人员的核心竞争力是什么？

解答： 测试人员的核心竞争力在于提早发现问题，并能够发现别人无法发现的问题。早发现问题：问题发现得越早，解决的成本越低。如果一个需求在还未实现的时候就能发现需求的漏洞，那么这种问题的价值是最高的。发现别人无法发现的问题：所有人都能发现的问题，你发现了，那就证明你是可以被替代的；别人发现不了，而你可以发现，那么你就是无法被替代的。

示例 10：你觉得测试项目的具体工作是什么？

解答：

- 了解业务流程，分析需求点。
- 搭建测试环境。
- 设计测试用例，进行审核。
- 执行测试用例。
- 编写测试计划、测试方案。
- 测试执行，并提交BUG单，跟踪BUG的修复状况，并且回归测试。
- 自动化测试，编写脚本，执行，分析测试结果，提交测试报告。
- 性能测试，编写脚本，执行，分析结果，测试调优，生成测试报告。
- 编写项目测试报告，对整个测试过程和版本的质量进行评估。

12.2 职业规划

职业规划是一个测试人员必须思考和面对的问题。在面试过程中也经常会被面试官提问到，通过此问题知道候选人对自己的一个未来发展，同时也可思考公司的员工培训与提升。

面试官希望得到候选人将个人发展与公司的发展结合起来，因为为了长远目标做事的员工更有自我驱动力、抗压力也会更强。

示例 1：你为什么从事软件测试工作？

通过此问题能够了解求职者的动机，从事软件测试工作的契机、职业规划，对自己的工作有一个明确的目标。

解答：在上大学时接触到了计算机及编程，非常感兴趣，于是决定集中精力在计算机领域谋求发展。通过不断地对计算机行业的了解，对于一个非计算机相关专业的人来说，最好的就是测试行业。于是将自己的全部精力都投入到软件测试行业，目前已经学完基本的测试知识，并且也在 xx 项目中进行实战。未来也会继续在测试行业深入钻研，学习自动化、性能测试等。

同时它也是一个新兴的行业，有巨大的发展潜力而且非常锻炼人、铸造人，需要掌握更多的技能，比做开发更难、更有挑战性。

示例 2：你对测试最大的兴趣在哪里？

在回答此问题之前，需要了解面试公司的测试职位需求，尽可能地切合企业的需求表达自己的兴趣点，例如企业需求中有"架构和定义专有云场景下的云平台的测试策略和测试标准"一条需求，则在回答时可切合分布式计算、效用计算、负载均衡、并行计算、网络存储、热备份冗杂和虚拟化等计算机技术进行回答。

解答：在测试工作中，我最大的兴趣是因为这是一个有挑战性的工作。测试是一个经验行业，工作越久越能感觉到做好测试的难度和乐趣。每当通过自己的工作使软件产品越来越完善时，看到用户在使用经过自己测试的产品就感到特别高兴。

示例 3：你对未来的职业生涯有什么规划？

通过此问题可以了解面试者的计划能力、任务安排能力，同时还可以知道面试者的目标是否符合企业对你的安排。通过表达横向调动和向上提升的愿望，表明自己是一个有灵活性的人。

解答：目前来说自己计划在三年之内学习自动化测试，达到可以独立负责一个项目的程度，包括框架的搭建、脚本的设计、报告的输出、持续集成等，并且希望在这三年之内能够有一次晋升，然后进行长远的提升，负责一个项目的测试工作、进行产品的性能、安全等测试。不管是向上提升，还是在企业内横向调动，对我个人来说，希望找到一家和自己价值观相符的企业，为之努力奋斗。

示例 4：在软件测试中你是否愿意投入足够的时间和精力？

◆ 先从个人工作角度出发来考虑这个问题。

它可能不会立刻从当下薪资收入的部分体现出来，但是未来需要提升或跳槽时，绝对会成为自己最坚实的基础。同样是做软件测试工程师，有人两三年就可以从普通的黑盒功能测试成长为测试专家或测试开发工程师，从而达到自己心里预期，薪资在 20000/月以上；有人从事软件测试 2 年之后与自己入职的第一份工作所做的事情是完全相同的，薪资 10000 左右/月。造成这种差距的根本原因在于是否投入了足够的精力与时间参与工作并不断地进行积累和沉淀。只有在工作中付出了足够的时间与精力，全身心地投入工作中，才会有足够深入的理解和思维碰撞，既掌握了问题的处理方式，又锻炼了个人的逻辑和思维，从而一举多得。

◆ 再从个人付出与收获角度考虑，付出与回报是成正比的。

一万小时定律是作家格拉德威尔在《异类》一书中指出的定律。人们眼中的天才之所以卓越非凡，并非天资超人一等，而是付出了持续不断的努力。一万小时的锤炼是任何人从平凡变成世界级大师的必要条件。他将此称为"一万小时定律"。天才并不是天生的，大多数的人都是在不断地努力付出。这个世界上没有什么毫无道理的横空出世，真的，如果没有大量的积累、大量的思考，是不会把事情做好的。这个世界上有太多的能人，你以为的极限，可能只是别人的起点。因此，任何一份工作我们都应该全身心地投入时间和精力，从而得到足够的积累沉淀，厚积而薄发。

综上，我们应该认真对待每一份工作、全身心地投入。

示例 5：你怎么看待软件测试的潜力和挑战？

解答：软件测试行业正在快速发展，是一个充满挑战的领域。尽管现在许多自动化测试的出现使得传统手工测试的方式被代替，但自动化测试在工具开发、安全测试、测试建模、精准测试、性能测试、可靠性测试等专项测试中仍然需要大量具有专业技能与专业素养的测试人员，并且随着云计算、物联网、大数据的发展，传统的测试技术可能不再适用，测试人员也因此面临着挑战，需要深入了解新场景并针对不同场景尝试新的测试方法，同时敏捷测试、DevOps 的出现也显示了软件测试的潜力。

12.3　修身养性

平时除了工作之外，一个人也要注重自我修养。有修养的、愿意不断提升自己的更容易融入团队。团队成员想要进步，获取新的知识，就必须不断地与他人合作，去学习，充实自己的知识，扩展自己的视野。

示例 1：最近看了什么书？

 这个问题不仅考察书和知识本身，更是从侧面考察求职者的好奇心、求知欲、逻辑体系、语言组织、问题导向的思维，以及与考察者的契合度。通过此问题，面试官主要是想知道求职者看书后有没有进行总结，收获最大的是什么，有什么影响，并且以后是怎么规划的，把握进度。

解答：我是一个非常喜欢阅读的人，通过这些年的阅读，锻炼了我的深度思考和逻辑归纳能力。上周刚阅读完美国作家斯科特·派克的《少有人走的路》。这是一本入门级的心理学著作，内容生活化并浅显易懂，书中列举了大量的例子来帮助读者认识自身、理解自身、改变自身。此书讲了四部分内容：第一部分是自律，讲的是要花足够的时间，需要足够的勇气和判断力，冷静分析问题。在承担责任的同时也要拒绝不该承担的责任，眼光放长远，尽可能过好当前的生活，让人生的快乐多于痛苦；第二部分是爱，夫妻的爱，父母对孩子的爱。爱是实际行动，是真正的付出，体察彼此真正的需要，真正懂得爱的人，必然懂得自我约束，并会以此促进双方的心智成熟；第三部分是成长与信仰，我们每个人都有信仰，只是信仰的东西不同，比如价值观就是一种信仰；第四部分是恩典。除此之外，书中也有一些我比较喜欢的语句，比如"愿你在被打击时，记起你的珍贵，抵抗恶意；愿你在迷茫时，坚信你的珍贵，爱你所爱，行你所行，听从你心，无问西东"。

示例 2：你平时是怎样提升自己的？

解答：我主要从两个方面进行自我提升。一方面是在工作中提升自己，在工作中发现可以优化的地方，对工作进行总结或组内进行技术分享。比如我们需要在 Linux 系统中进行测试，刚开始都是使用虚拟机进行的，后来发现 Docker 也可以，就自学 Docker，推行容器化。另一方面是在业余时间提升自己，下班后或周末都会看一些比较实用的东西。比如自学 Python 语言、自动化测试库 Selenium，并且尝试对公司的项目进行自动化测试。除此之外，我每天还会关注行业资讯动态，比如公众号（美团技术团队、脚本之家）、博客（CSDN、博客园）、社区（开源中国）等信息。总之，我一直在扩大知识面，深入了解技术内容，不断发现优化点，然后学习实践。

示例 3：了解过哪些技术博客/论坛？

 IT 技术博客/社区聚集了 IT 行业内的技术人员，在技术社区我们可以了解行业的最新进展，学习最前沿的技术，认识有相同爱好的朋友，在一起学习和交流。常见的博客/社区如下：

- ◆ CSDN：提供知识传播、在线学习、职业发展等，内容量丰富，但是近年来广告太多，体验不是很好。
- ◆ 博客园：知识分享社区。笔者也在上面发表过一些技术文章、心得总结，喜欢它的原因是页面可定制，广告少，看起来舒服。
- ◆ SegmentFault：中文领域最大的技术问答交流社区平台，交流和分享任何技术编程相关的问题及知识。
- ◆ Stack Overflow：遇到什么难解的技术问题时，在上面基本都能找到答案。

除此之外，还有一些社区、论坛、学习网站等，比如开源中国、TesterHome、W3school、51CTO、Python 官网、Docker 中文社区、ThoughtWorks 洞见等。

12.4 职场谋略

职场就是一个小社会，身处职场就需要遵守职场规则，学会职场的处世之道，使用自己的情商和智商解决职场上的麻烦。在思考问题时不仅要考虑自己，还要站在对方的角度考虑，成为一个高情商的职场人。

示例 1：如果领导要求你完成某项工作，但是方式不是最好的，你有更好的方法，你应该怎么做？

解答：首先在原则上我会尊重和服从领导的工作安排，然后找一个合适的机会以请教的口吻婉转地表达自己的想法。如果领导没有采纳我的建议，那肯定有自己的考虑，我同样会按领导的要求认真去完成这项工作，毕竟工作才是最重要的。假如领导要求的方式违背原则、有损公司利益，我会坚决提出反对意见，如果领导仍固执己见，则会毫不犹豫地再向上级领导反映。

　　示例 2：如果你完成某项工作后受到了上级领导的表扬，但是你的主管领导却说是他做的，你应该怎么做？

　　解答：如果出现此问题，那么需要通过沟通进行解决，因为沟通是解决人际关系的最好办法。首先我会主动找我的主管领导来沟通，如果我的主管领导认识到自己的错误，那么我会视具体情况决定是否原谅他。如果主管领导认识不到自己的错误，变本加厉地来威胁我，那么我会毫不犹豫地继续向上级领导反映此事，因为他这样做会带来负面影响，不利于今后的工作开展。

　　示例 3：如果你的工作比较突出，并且得到了领导的肯定，但是你的同事越来越孤立你，你怎么看这个问题？你准备怎么办？

　　解答：好的一方面继续保持，更加努力；不好的一面寻找问题，解决问题。工作突出且得到领导的肯定，说明自己做得比较好，需要继续保持，更加努力地工作。与同事的距离拉远了，首先是对自己进行检讨，找到原因，可能是对工作太过关注，疏忽了与同事间的交流，那么接下来加强与同事的交往，多多参与团建、公司组织的业余活动等。

　　示例 4：如果你女朋友要求你晚上和她去商场，但是项目临时有事非你办不可，你会怎么做？

 无论如何工作都是第一位，其他的事情可以后续补上，当然也要根据当时的具体情况来决定。

　　解答：首先会考虑在下班前将工作完成，这样既完成了工作也不影响晚上的安排；如果工作不是很紧急，和上级领导进行商量，在约定的时间完成，或者先陪女朋友，然后回家完成工作；如果工作很紧急，两者不可能兼顾，那么会打电话向女朋友进行解释，后面加倍补偿，相信她也会理解，然后抓紧完成工作。

12.5　应对 HR

　　求职者面试的第一个交流对象就是 HR，首先要被 HR 认可。面对 HR，求职者要坚定自己的信心，实时求是。如果接到 HR 的邀约，那么可以确定已经满足了岗位的基本要求。接下来就是对 HR 真实表达。

示例 1：你为什么离开目前的职位？

 回答时需要避免将离职原因说得太详细、太具体，也不能带一些自己、公司、同事等负面因素，尽量使说出的理由能给自己添加一些积极向上的力量。当然也不能完全不带一丝个人因素。

解答： 主要是因为公司最近一年收入偏低、薪资发放延迟，最近一个月都无力发放。我在公司工作了两年，感情还是比较深的。从去年开始，由于市场形势突变，公司的局面急转直下，直到现在的状况，所以我需要重新寻找能发挥我能力的舞台。

示例 2：你找工作，考虑最多的因素是什么？

 可以结合正在应聘的公司所处的行业、公司的文化等，侧重谈谈自己的兴趣、对于取得事业上成就的渴望、施展才能的可能性、未来的发展前景等方面。

解答： 我考虑最大的是发展和提升，如果公司会安排相关的技能培训就更好了。我对自己的职业规划和定位就是在接下来的 xx 时间内无论是外职业生涯还是内职业生涯都有所发展。

示例 3：我们为什么录取你？

解答： 跟其他面试者相比，除了满足贵公司测试招聘需求我还有以下几点优势：

- 熟悉各种测试方法及测试流程，可以帮助企业建立一套成熟的测试和质量管理体系。
- 沟通和解决问题能力强，熟悉项目管理及团队合作，可以组织带领团队。
- 熟悉各种数据库以及数据库操作，如Oracle、DB2、Sybase。
- 了解市面上常用的自动化工具及框架，可以帮助公司建立自动化团队。
- 会用性能测试工具，如使用Jmeter工具进行性能测试和接口测试。
- 吃苦耐劳，可长期出差或加班。

示例 4：你对自己的学习成绩满意吗？（针对应届生提问）

 如果应届生的成绩比较好，那么很容易作答；如果成绩不是很理想，则需要表明自己的态度，并给予一个合适的理由，理由一定要是无法抵制和无法避免的因素。最后需要突出自己非常优秀的一面，彰显自己的收获。

解答： 比较满意，在大学四年里我学到的不仅是课本理论知识，还参加了社团的许多活动，也学到了很多为人处世的经验，总之这四年很充实。

示例 5：谈谈你的家庭情况？

 HR 寻问此问题主要是对求职者的性格、观念、心态等有一定的考察作用。求职者回答时应该简单地说下家庭成员，然后描述家庭氛围、重视教育、家庭责任感等。自己从父母身上学到了什么（正能量的）。

示例 6：除了本公司外，还去了哪些公司应聘？

 很多公司都会问到此问题，目的是要知道求职者的志向，间接地也表明求职者希望在哪个行业、哪个方向上发展。一般可以直接回答，比如应聘了 xx 公司 xx 项目担任 xx 测试工程师。如果不方便具体的公司名称，可以简要回答去了一家 xx 类型的公司，进行 xx 工作，说明公司类型和负责的工作，承担的职责尽量与当前应聘的接近，不然容易留下无法信任的感觉，因为目标不明确，相差甚远的工作都去面试，不知道自己到底要干什么。

示例 7：你怎么看待加班？

 在 IT 行业，加班是常有的事。好多公司问这个问题，并不证明一定要加班，只是想测试求职者是否愿意为公司奉献。针对"工作热忱"的问题，一定要合理回答。无理的加班不一定就是好的，最好的回答是避免加班，但在自己责任范围内接受加班，尽可能诚实地回答。

解答：在测试行业加班是常有的事，如果是工作需要我会义不容辞加班，在加班中可以对自己的工作进行总结，提升自己。同时，我也会提高工作效率，减少不必要的加班。

示例 8：你怎么看待跳槽？

 跳槽分两种：正常的跳槽和非正常的跳槽。正常的跳槽能促进人才合理流动，应该支持。不正常的，频繁的跳槽对单位和个人双方都不利，应该反对。

示例 9：如果你的领导或同事批评你，你会怎么处理？

解答：通常来说批评指责都是有道理的，首先会保持沉默，不计较，否则情况会变得更糟。如果是自己的错误则接受批评并且改正。如果不是自己的错误则等大家冷静下来再进行讨论。

示例 10：你来应聘我们公司的测试岗位，你觉得你的优势在哪里？

 主要表达自己对工作的认真负责，技能技巧的掌握。例如：

◆ 熟悉各种测试方法及测试流程，可以帮助企业建立一套成熟的测试和质量管理体系。

- ◆ 沟通和解决问题能力强，熟悉项目管理及团队合作，可以组织带领团队。
- ◆ 熟悉各种数据库以及数据库操作，如 Oracle、DB2、Sybase。
- ◆ 了解市面上最常用的自动化工具及框架，可以帮助公司建立自动化团队。
- ◆ 会用性能测试工具，如使用 Jmeter 工具进行性能测试和接口测试。
- ◆ 吃苦耐劳，可长期出差或加班。

示例 11：在上一份工作中你认为你遇到的最有挑战性的事情是什么？为什么？

 此问题考察求职者的信心，充满信心的人往往在办事、说话、判断以及对自己的能力方面会表现出强烈的信心。有信心的人能够对自己的决定和行为的后果承担责任。此外，还往往会将冲突当作自己的发展机会。

示例 12：你之前的薪资是多少？你希望的待遇是多少？

 对于之前的薪资需要实事求是，因为可以通过调查提供银行流水等方式查证。如果被问到待遇时，最好根据年龄、经验能力、行业水平等客观条件来给出合理的要求。

解答：我在之前的单位一个月薪水是 20000，年终奖会多发两个月薪资。还有一些项目奖金之类的，平均一个月可以拿到 30000。

示例 13：你什么时候可以到岗？

 很多企业都会关心就职时间，如果求职者还未辞去上一份工作，一般离职交接需要一个月，如果企业需要尽快就职而求职者又不能做到，此时企业可能会重新考虑。

解答：如果被录用的话，我可以按照公司规定时间上班。

术 篇

第 13 章

测 试 基 础

在软件测试面试过程中，面试官都会对软件测试人员的基本功进行摸底。软件测试工程师必须熟练掌握测试基础知识，这就需要坚实的基础理论知识和综合分析能力，追求完美、执着认真、善于合作的品质，以及丰富的编程经验与查检故障的能力。本章将对面试过程中可能遇到的测试基础问题进行详解。

13.1　计算机基础

计算机基础知识是进入测试行业需要学习的第一堂技术课。由于这部分内容要求不是太深，因此一般情况下面试官也不会在此知识点花费太长时间。对于入门级别的测试人员来说，只需要了解基本的知识点便能开展测试工作，例如对操作系统的了解，系统安装、系统基本操作，计算机的发展史、计算机组成结构、交换机和路由器的概念、互联网的基础知识、专有名词解释、程序概念等，下面从硬件基础、软件基础和网络基础三个方面进行一个简要介绍。

13.1.1　硬件基础

计算机硬件是由许多不同功能模块化的部件组合而成的，并在软件的配合下完成输入、处理、储存和输出等。

示例 1：CPU 和 GPU 有什么区别？

解答：

- 作用不同：CPU是指中央处理器，它的作用偏向于调度、协调、管理，当然也有一定的计算能力。GPU是指图像处理器，它的作用主要在图像处理及大型矩阵运算方面，比如学习算法等。
- 结构不同：CPU的结构可以大致分为运算逻辑部件、寄存器部件和控制部件等。GPU则是一块高度集成的芯片，其中包含了图形处理所必需的所有元件。
- 缓存上不同：CPU有大量的缓存结构，目前主流的CPU芯片上都有四级缓存，这些缓存结构消耗了大量的晶体管，在运行的时候需要大量的电力。GPU的缓存很简单，目前主流的GPU芯片最多有两层缓存，而且GPU可以利用晶体管上的空间和能耗做成ALU单元，因此GPU比CPU的效率要高一些。
- 响应方式上不同：CPU要求的是实时响应，对单任务的速度要求很高，所以要用很多层缓存的办法来保证单任务的速度。GPU是先把所有的任务都排好，然后进行批处理，对缓存的要求相对较低。
- 应用方向上不同：CPU所擅长的操作系统等应用需要快速响应实时信息，需要针对延迟优化，所以晶体管数量和能耗都需要用在分支预测、乱序执行、低延迟缓存等控制部分。GPU适合对于具有极高的可预测性和大量相似的运算以及高延迟、高吞吐的架构运算。

示例 2：内存有哪几种存储组织结构，请分别说明？

解答：

（1）顺序存储方式：顺序存储方式就是在一块连续的存储区域一个接着一个地存放数据。顺序存储方式把逻辑上相邻的节点存储在物理位置上相邻的存储单元里，节点间的逻辑关系由存储单元的邻接关系来体现。顺序存储方式也称为顺序存储结构，一般采用数组或结构数组来描述。

（2）链接存储方式：链接存储方式比较灵活，不要求逻辑上相邻的节点在物理位置上相邻，节点间的逻辑关系由附加的引用字段来表示。一个节点的引用字段往往指向下一个节点的存放位置。链接存储方式也称为链式存储结构。

（3）索引存储方式：索引存储方式是采用附加的索引表的方式来存储节点信息的一种存储方式。索引表由若干索引项组成。索引存储方式中索引项的一般形式为（关键字、地址）。其中，关键字是能够唯一标识一个节点的数据项。索引存储方式还可以细分为两类，即稠密索引和稀疏索引。稠密索引中每个节点在索引表中都有一个索引项，其中索引项的地址指示节点所在的存储位置。稀疏索引中一组节点在索引表中只对应一个索引项，索引项的地址指示一组节点的起始存储位置。

（4）散列存储方式：散列存储方式是根据节点的关键字直接计算出该节点的存储地址的一种存储方式。

在实际应用中，往往需要根据具体的数据结构来决定采用哪种存储方式。同一逻辑结构采用不同的存储方法，可以得到不同的存储结构。这 4 种基本存储方法既可以单独使用，也可以组合起来对数据结构进行存储描述。

13.1.2　软件基础

计算机软件是指计算机系统中的程序及其文档。程序是计算任务的处理对象和处理规则的描述，文档是为了便于了解程序所需的阐明性资料。软件是用户与硬件之间的接口界面，用户主要是通过软件与计算机进行交流。

示例 1：C/S 架构和 B/S 架构之间存在哪些联系和区别？

解答：C/S 架构软件即客户机/服务器模式，分为客户机和服务器两层，第一层在客户机系统上结合了表示与业务逻辑，第二层通过网络结合了数据库服务器。使用 C/S 架构的软件用户可以直接操作界面，对本地文本和一些逻辑事务进行处理，比较方便，但是客户端缺少通用性，当业务更改时就需要重新编写代码更改界面，且随着用户数量的增多，会出现通信拥堵、服务器响应速度慢等情况，维护也比较麻烦；B/S 架构即浏览器/服务器模式，利用 WWW 浏览器技术，通过浏览器实现了原来需要复杂专用软件才能实现的强大功能，可以说是 C/S 架构的改进版本，属于三层 C/S 架构：第一层是浏览器（客户端），只有简单的输入输出功能，处理极少部分的事务逻辑；第二层是 Web 服务器，用于信息传送；第三层是数据库服务器，用于存放大量的数据。使用 B/S 架构，不需要安装客户端，使用浏览器就可以获得所需数据，并且数据都集中在服务器端，可以保证数据的一致性，浏览器只处理一些简单的逻辑事务，负担小。与此同时，服务器需要承担的数据负荷较重。

示例 2：软件可以分为多少种类？

解答：根据功能的不同，计算机软件可以简单地分为四个层次：

- 最接近计算机硬件的小巧软件：实现的是一些基本功能，通常"固化"在只读存储器芯片中，因此称为固件。
- 系统软件：包括操作系统和编译器软件等。系统软件和硬件一起提供一个"平台"，它们管理和优化计算机硬件资源的使用。

- 支持软件：包括图形用户界面、软件开发工具、软件评测工具、数据库管理系统、中间件等。
- 应用软件：种类繁杂，包括办公软件、电子商务软件、通信软件、行业软件、游戏软件等。

13.1.3　网络基础

计算机网络是指将地理位置不同的具有独立功能的多台计算机及其外部设备通过通信线路连接起来。下面介绍几道面试中常见的网络基础知识题。

示例 1：简单说一下 DNS 的作用。

解答：DNS（Domain Name System，域名系统）是因特网上作为域名和 IP 地址相互映射的一个分布式数据库，能够使用户更方便地访问互联网，而不用去记住能够被机器直接读取的 IP 数串。通过主机名，最终得到该主机名对应的 IP 地址的过程叫作域名解析（或主机名解析）。DNS 协议运行在 UDP 协议之上，使用端口号 53。

示例 2：怎么查看本机 IP 地址？

解答：在 Windows 操作系统中查看本机 IP 地址的命令为 ipconfig；在 macOS X 和 Linux 操作系统中查看本机 IP 地址的命令为 ifconfig。

示例 3：什么是局域网和广域网？

解答：局域网（Local Area Network，LAN）是一个局部范围的计算机组，一般覆盖范围比较有限，比如一座楼房或一个单位内部的网络。局域网内的通信，传输距离短，传输的速率比较高。比如学校的机房就是一个局域网，里面有几百几千台计算机，当机房无法上外网时，内部的计算机之间仍可以通信。广域网（Wide Area Network，WAN）指的是连接不同地区局域网或城域网计算机通信的远程网，距离远、范围大。由于广域网的覆盖范围广，联网的计算机多，因此广域网上的信息量非常大，共享的信息资源很丰富，因特网（Internet）就是世界范围内最大的广域网。

示例 4：简述什么是子网掩码。

解答：子网掩码（subnet mask）又叫网络掩码、地址掩码、子网络遮罩，是一种用来指明一个 IP 地址的哪些位标识的是主机所在的子网，以及哪些位标识的是主机的位掩码。子网掩码不能单独存在，它必须结合 IP 地址一起使用。子网掩码只有一个作用，就是将某个 IP 地址划分成网络地址和主机地址两部分。子网掩码是一个 32 位地址，用于屏蔽 IP 地址的一部分以区别网络标识和主机标识，并说明该 IP 地址是在局域网上还是在广域网上。子网掩码是由连续的二进制组成的。子网掩码和 IP 地址进行按位与运算后结果一致，表示处于一个局域网当中，如果不一致，表示不在一个局域网当中，需要寻找路由。

示例 5：简单说一下什么是 MAC 地址、什么是 IP 地址。

解答：MAC 地址是基于制造商进行分配的，其应用在 OSI 模型的数据链路层，通过 MAC 地址可以使数据从一个节点传递到相同链路的另一个节点上。MAC 地址长度为 48 位，例如 00:26:18:E7:A6:E2。IP 地址是基于网络拓扑进行分配的，应用在 OSI 模型的网络层，数据可以通过网络层协议从一个网络传递到另一个网络上。IP 地址长度为 32 位，例如 192.168.0.1。

示例 6：某网络的 IP 地址空间为 192.168.5.0/24，采用定长子网划分，子网掩码为 255.255.255.248，则该网络的最大子网个数、每个子网内最大可分配地址个数各为多少？

解答：一个 IP 由网络号+子网号+主机号组成，前 24 位是网络号，后 8 位是子网号+主机号。根据本题给出的 IP 地址可以知道，子网掩码是 255.255.255.0，子网的子网掩码为 255.255.255.248，换算成二进制就是 11111111.11111111.11111111.11111000。后 8 位是 11111000，后 8 位中的前 5 位（11111）表示子网号，转化为十进制就是 2^5 =32，所以可以划分为 32 个子网。主机号位置为 000，表示的最大范围是 2^3，除去一个广播地址和一个网络地址，则为 $2^3-2=6$，因此每个子网最大可分配地址个数是 6。

13.2 测试理论

测试理论作为测试实践的依据，在面试中会被经常提问到。只有在基础理论上下足了功夫，面试才能够顺利进行。

13.2.1 软件质量

软件质量是指满足用户在功能和性能方面的需求、遵循规定的标准和规范以及具备某些公认的特质。一个高质量的软件应该满足用户需求、能够在一定程度上适应需求的变更、有效的处理例外能力以及可持续发展。影响软件质量的因素是多方面的，例如正确性、可靠性、性能、健壮性、效率、完整性、可用性、安全性、可理解性、可维修性、灵活性、可测试性、可移植性、可再用性、兼容性等。

示例 1：你认为一个高质量的软件应该具有哪些特性？

 在考察软件质量的同时也考察着在测试用例设计时可以从哪些方面考虑。

解答：一个高质量的软件应该满足用户需求、能够在一定程度上适应需求的变更、有效的处理能力以及可持续发展，除此之外还要兼顾成本。在测试中保障高质量的软件可以从功能、性能、兼容性、易用性、可靠性、安全性、可维护性、可移植性几个方面考虑。软件质量模型如图 13-1 所示。

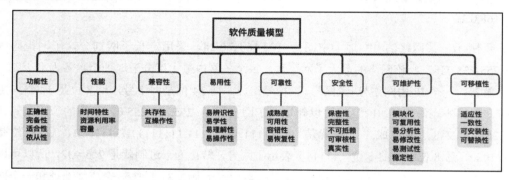

图 13-1　软件质量模型

示例 2：为什么要在一个团队中开展软件测试工作？

解答：对于新研发的软件，在没有进行测试之前很难想象它的质量是怎样的，如果直接上线就可能会出现宕机、死顿、功能模块不能使用等情况，使软件不受用户喜爱、企业名誉扫地。软件测试就像 ISO 质量认证一样，也需要质量的保证，这时就需要在团队中开展软件测试的工作。在测试过程中发现软件存在的问题，并及时让开发人员得知并修复，在软件发布后就不会出现一些使用户讨厌的问题。如果软件质量得到保障，就会赢得用户的心，树立起企业信誉。

示例 3：你认为进行软件测试的目的是什么？

 软件测试有两个目的，一个是预防错误，另一个是发现错误，以保证产品质量。

解答：由于软件开发是人的创造性劳动，人的活动不可能完美无缺，错误可能发生在任何一个阶段，因此预防错误这一目标几乎是不可实现的，软件测试的目标可定义为只是发现错误。

- 软件测试是为了发现错误而执行程序的过程。
- 一个好的测试用例能够发现至今尚未发现的错误。
- 一个成功的测试是发现了至今尚未发现的错误。

示例4：在项目中你是如何保证软件质量的？

 主要考察求职者对测试工作有没有自己的思考和认识，同时也考察对测试的理解。

解答：项目质量不是依靠某个人来保障的，而是需要整个团队一起努力。首先，需要在公司级别制定一个规范的项目流程；其次，对于产品做好充足的计划和预判，保证迭代过程中的产品逻辑，对于可能出现的风险给出解决方案。在产品设计上，满足产品表达的同时，也需要保证设计的延续性；开发产品时，细节需要到位，技术方案选择需要严谨，严格遵循开发规范操作；测试方面，验证产品逻辑的同时，要多站在用户角度进行验证，尽可能多地使用技术手段保证测试质量；最后也是最重要的，每个版本结束后需要进行总结，对本版本的工作进行回顾，对下一个版本进行预估。

13.2.2 测试流程

一个完整且具体的可以实施的测试路线和流程能够使得软件测试人员快速、高效且高质量地完成工作。最终实现软件测试的规范化和标准化。

示例1：请简单描述软件测试的流程。

 此题主要考察软件测试流程，在回答此题时最好画出测试流程图，在讲解时配合参与过的项目测试流程进行讲解，如果能指出所使用的测试流程中的优点以及不足则更能得到面试官的青睐。

解答：拿到需求后，与产品经理、开发人员一起评审需求，评估需求的开发难度、测试难度和耗费日时。然后根据需求制订测试方案及测试计划、设计测试用例、测试用例评审。开发提测后实施测试，测试过程中提交缺陷报告。最后回归测试，提交测试总结报告。测试流程图如图13-2所示。

示例2：你认为测试工作什么时间开展比较合适？

解答：测试工作越早介入越有利，我们的项目一般都是在需求阶段开始的。在产品经理讲解需求的时候就参与讨论，并说出自己的想法，对模糊的地方进行确认。需求评审之后，便根据需求对测试工作进行一个简单的计划，然后编写测试用例、执行测试、提BUG、进行回归测试等。

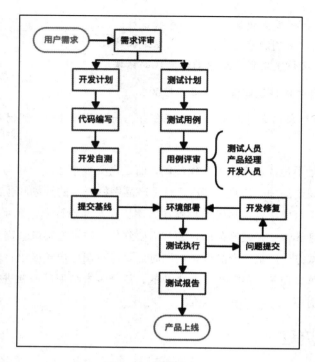

图 13-2　测试流程图

示例 3：请简单描述软件测试活动的生命周期（STLC）。

解答：软件测试生命周期是指一个测试过程，每个阶段都有不同的目标和可交付成果，基本可以分为需求阶段、计划阶段、分析阶段、设计阶段、实施阶段、执行阶段、总结阶段。

- 需求阶段：分析和研究需求。
- 计划阶段：对整个测试周期中的所有活动进行规划，估计工作量、风险，安排人力物力资源、安排进度等。
- 分析阶段：通过需求文档、产品风险和其他测试依据来确定测试条件。
- 设计阶段：完成测试方案，从技术层面上对测试进行规划。
- 实施阶段：进行测试用例和测试规程设计。
- 执行阶段：根据前期完成的计划、方案、用例、规程等文档执行测试用例。
- 总结阶段：记录测试结果，进行测试分析，完成测试报告。

示例 4：软件进行一次完整的测试应该包含几个阶段？请详细阐述。

解答：一次完整的测试应该有五个阶段：测试计划、测试设计、测试开发、测试执行和测试评估。

- 测试计划：根据用户需求制订相应的测试需求报告，即制订测试的标准，以后所有的测试工作都将围绕着测试需求进行，符合测试需求的应用程序则为合格的。同时还要合理安排测试人员、测试时间及测试资源等。
- 测试设计：将测试计划阶段制订的测试需求分解、细化为若干个可执行的测试过程，并为每个业务功能设计测试用例。
- 测试开发：建立可重复使用的自动测试过程。
- 测试执行：执行测试开发阶段建立的自动测试过程，并对所发现的缺陷进行跟踪管理。
- 测试评估：结合量化的测试覆盖域及缺陷跟踪报告，对应用软件的质量和开发团队的工作进度及工作效率进行综合评价。

13.2.3　软件需求

在软件产品团队中，产品经理未必能向所有开发人员、测试人员以及相关人员准确详细地传达具体的产品需求。此时就需要一份文档，使所有参与人员都可以阅读。在产品需求会不断地变化时，产品经理只需要更新需求文档，并提示相关人员需求有变更。在测试环节，测试人员会依据需求文档来验收产品质量。

示例1：你在测试活动中如果发现需求文档不完善或者不准确，会怎么处理？

 与相关人员进行沟通、明确需求，然后更新文档。

解答：产品经理在解说需求文档中不可能完全没有问题，如果在工作中遇到需求文档不完善或者不准确，我会找产品经理、开发人员等相关人员进行协调交流，确保需求明确，然后做记录，对需求文档进行补充，并且将更新的需求文档给相关人员发送邮件，提示需求文档更新，确保每一个人都可以拿到最新、明确的需求。

示例2：当你进入一个新项目后，如果发现需求文档简单或者没有需求文档时怎么开展测试？

 考察求职者独立开展工作的能力。

解答：我会分两步走，找寻与需求相关的文档，并与其他老员工进行交流获取，具体会从以下几个方面着手。

（1）查询文档，从原版本留下的文档、用户手册、产品开发测试人员写的非正式文档入手，可以了解项目的背景、系统功能等。

（2）参考行业相关书籍、文档，或同类型网站、产品等实现的类似功能。

（3）当系统完成初步功能后，自己动手操作使用，总结系统实现的功能业务，然后与开发等相关人员确认。

（4）与相关人员沟通。主动与相关人员沟通，并进行系统演示，测试时遇到需求不明确的情况，及时和产品相关人员、开发人员进行沟通。

（5）了解部分需求文档后，对需求文档进行补充整理，以便将来查看。

示例 3：如果需求文档长达 100 页，你要怎么进行吃透？

 先了解软件的基本需求，然后了解重点，接着次之。总之，先学习软件的主要功能、急需测试的功能，然后学习次要功能。不太重要的、边缘功能可以在以后测试中慢慢学习。

13.2.4 测试计划

软件项目的测试计划是描述测试目的、范围、方法和软件测试重点内容的文档。针对验证软件产品的可接受程度编写测试计划文档是一种有用的方式。不同公司的测试计划不尽相同，但每个测试计划包含的主要内容基本一致。面试官在了解面试者接触过项目的测试计划时也在思考本公司的测试计划存在哪些不足、可以优化的地方。接下来看一些在面试中经常会被问到的内容。

示例 1：为什么要写测试计划，目的是什么？

 此题考察面试者对测试计划的目的或作用的了解，稍微对测试计划书有所接触就知道怎么回答。

解答：测试计划书通常是由具有丰富经验的测试负责人编写的。编写测试计划书能够使测试负责人根据测试计划做宏观调控，进行相应资源配置，也可以使参与项目的测试人员能够了解整个项目测试情况以及不同阶段所要进行的测试工作，更可以使其他人员了解测试人员的工作内容，进行相关配合。制定良好的、切实可行的、有效的测试计划，其目的在于保证测试的质量和提高测试工作的效率，主要表现在有效的测试策略、界定清晰的测试范围、识别存在的风险并规避风险、不同测试阶段确定不同的测试方法、测试工作量及时间的合理估算、资源的调度等方面。

示例 2：你之前的项目写测试计划吗？测试计划都包含哪些内容？

此题主要考察面试者对测试计划的了解，第一问暗含着对面试者所经历项目的流程完整性的考察，因为很多小型公司不存在测试计划书，可能就是口头的约束。第二问是对面试者的测试计划编写功底和对项目测试计划把握的考察。

解答：在我之前的项目都有写测试计划书的规定。测试计划书主要包含项目背景、项目简介、常用术语、测试目的、测试范围、进度计划、人员分工、测试资源、参考文档、提交文档、风险分析、测试策略等几个部分。对于项目背景、项目简介、人员分工等项目相关、人员分配及资源调度等内容由测试经理完成，分工后的详细内容由对应的具体测试人员完成，最后统一汇总交于测试经理整理。

示例 3：你们的系统测试计划书中对测试通过、失败的标准是什么？

解答：主要通过用例的执行情况和需求覆盖率进行判断。

用例的执行情况：所有 1、2 级用例需要 100％覆盖，3、4 级用例 30％覆盖，本轮测试重点特性用例 100％覆盖。需求覆盖率情况：所有的功能需求、性能需求都需要被覆盖。

13.2.5 测试模型

软件测试模型和软件开发模型都遵循软件工程原理和管理学原理。测试工程师前辈们通过实践总结出了很多种值得学习的测试模型。依据这些模型，可以很好地对测试工作进行管理。

示例：你都了解哪些测试模型？请简单地解释一下。

此题主要考察面试者对测试模型的理解，常见的测试模型有 V 模型、W 模型、H 模型和 X 模型，结合实际项目重点说明一种模型，其他模型说出其特点即可。

解答：我在上个 xx 项目中采用的就是 V 模型。V 模型大体上可以划分为几个不同的阶段：需求分析、概要设计、详细设计、软件编码、单元测试、集成测试、系统测试、验收测试。对于测试过程中的不同级别，都可以清楚地描述测试阶段和开发过程期间各阶段的对应关系，但也有其局限性，例如测试活动是在编码之后进行，忽视了测试对需求分析和系统设计的验证，这些前期工作的验证也只能在后期的验收测试阶段进行。V 模型结构图如图 13-3 所示。

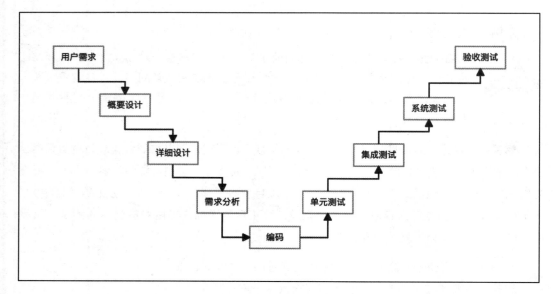

图 13-3　V 模型结构图

除过 V 模型外，还有 W 模型、H 模型和 X 模型。W 模型，在产品生产周期中可以明确地标出开发与测试之间的对应关系；X 模型，指出整个测试过程是在探索中进行的；H 模型，将软件测试作为一个独立的流程，贯穿产品整个生命周期，与其他流程并发进行。

13.2.6　测试分类

在软件测试中，可以通过测试的不同阶段、采用的方式、遵循的测试模式等对软件测试的类型进行分类。例如，按照测试阶段可分为单元测试、集成测试、系统测试和验收测试；按照软件代码的可见度可分为白盒测试、灰盒测试和黑盒测试；按照测试执行方式可分为动态测试和静态测试。对测试分类的掌握可了解一个测试工程师对测试工作细致划分的理解，因此这也成为面试官对初级测试人员考察的一项内容。

示例 1：简述单元测试、集成测试、系统测试的侧重点。

按照测试阶段可以将测试分为单元测试、集成测试、系统测试和验收测试。此题不仅考察面试者对单元测试、集成测试和系统测试的理解，也间接地了解到面试者对测试流程、测试阶段的熟悉程度。

解答：单元测试、集成测试、系统测试是按照测试阶段进行划分的。单元测试又称模块测试，依据的是详细设计文档，其目的是检验软件基本组成单位的正确性。测试对象是软件设计的最小单元；集成测试也叫作组装测试，将程序模块采用适当的集成策略组装起来，对其进行有序、递增的测试，主要测试模块之间数据传输、模块之间功能冲突、模块组装功能的正确性、全局数据结构、单模块缺陷对系统的影响；系统测试是在真实或模拟系统运行的环境下，对功能、性能以及软件所运行的硬软件环境进行测试，满足用户需求，主要测试系统的功能、界面、可靠性、易用性、性能、兼容性、安全等。

示例 2：什么是软件测试静态分析，什么是软件测试动态分析？

解答：静态测试是指不运行程序，通过分析来检查软件开发过程中的文档、代码语法、结构、接口等的正确性，主要从功能性、可靠性、可移植性、可用性、有效性和可维护性方面度量开发文档、程序设计、业务逻辑审核、代码风格和规则等。动态测试指的是运行被测程序，输入相应的测试数据，检查运行结果与预期结果的差异，并分析运行效率、正确性和健壮性等。这种方法主要是由三部分组成的：测试用例、执行程序、分析程序运行输出的结果。

示例 3：Alpha 测试与 Beta 测试有什么区别？

解答：

测试时间不同：Alpha 测试可以从软件产品编码结束之时开始，或在模块（子系统）测试完成之后开始，也可以在确认测试过程中产品达到一定的稳定和可靠程度之后再开始；Beta 测试是软件产品完成了功能测试和系统测试之后，在产品发布之前所进行的软件测试活动，是技术测试的最后一个阶段。

测试目的不同：Alpha 测试的目的是评价软件产品的 FLURPS（功能、局域化、可用性、可靠性、性能和支持），尤其注重产品的界面和特色，为非正式验收测试；Beta 测试是一种验收测试，通过了验收测试，产品就会进入发布阶段。

测试人员及场所不同：Alpha 测试是由一个用户在开发环境下进行的测试，也可以是公司内部的用户在模拟实际操作环境下进行的受控测试。Alpha 测试发现的错误可以在测试现场立刻反馈给开发人员，由开发人员及时分析和处理；Beta 测试由软件的最终用户在一个或多个客户场所进行。开发者通常不在 Beta 测试的现场，因为 Beta 测试是软件在开发者不能控制的环境中的"真实"应用。

示例 4：白盒、黑盒和灰盒测试有什么区别？

解答：

● 黑盒测试：也称不透明盒测试、封闭盒测试、输入输出测试、数据驱动测试、行为测试和功能测试，基于要求和规范，不需要了解被测软件的内部路径、结构或实现。

- 白盒测试：也称为玻璃盒测试、透明盒测试。白盒测试基于内部路径、代码结构和正在测试的软件的实现，它需要完整而细致的编程技巧。
- 灰盒测试：称为半透明测试，介于黑盒和白盒测试之间。灰盒测试知道内部程序的有限知识，是另一种类型的测试，在其中查看正在测试的盒子，只是为了理解它是如何实现的。之后关闭盒子并使用黑盒测试。

示例 5：如果能够执行完美的黑盒测试，还需要进行白盒测试吗？为什么？

解答：黑盒测试是已知产品的功能设计规格，测试证明每个实现了的功能是否符合要求。白盒测试是已知产品的内部工作过程，通过测试证明每种内部操作是否符合设计规格要求、所有内部成分是否已经过检查。

软件的黑盒测试把测试对象看作一个黑盒子，测试人员完全不考虑程序内部的逻辑结构和内部特性，只依据程序的需求规格说明书检查程序的功能是否符合它的功能说明。因此，黑盒测试又叫功能测试或数据驱动测试。软件的白盒测试是对软件的过程性细节做细致的检查。这种方法把测试对象看作一个打开的盒子，允许测试人员利用程序内部的逻辑结构及有关信息设计或选择测试用例，对程序所有逻辑路径进行测试，通过在不同点检查程序状态确定实际状态是否与预期的状态一致。因此，白盒测试又称为结构测试或逻辑驱动测试。

软件测试有一个致命的缺陷，即测试的不完全、不彻底性。由于任何程序只能进行少量（相对于穷举的巨大数量而言）有限的测试，在未发现错误时不能说明程序中没有错误。就算执行了完美的黑盒测试也无法测试程序内部的特定部位，当规格说明本身有误时也不能发现问题。白盒测试能对程序的内部特定部位进行覆盖测试，所以黑盒测试和白盒测试为互补关系，结合起来进行测试用例的设计更为合理。

示例 6：什么是冒烟测试？

解答：冒烟测试是指在进行大规模测试之前，由有经验的软件测试工程师对被测系统的主要功能进行测试。主要功能没有什么大问题时再决定是否展开软件测试工作。

示例 7：什么是回归测试？回归测试的步骤包括哪些？

解答：回归测试是指修改了旧代码后，重新进行测试，以确认修改没有引入新的错误或导致其他代码产生错误；也指在第一次系统测试完，开发小组已经将所有的缺陷处理后进行第二次系统测试。基本步骤如下：

（1）识别出软件中被修改的部分和可能会被影响的模块。

（2）从原基线测试用例库 T 中排除所有不再适用的测试用例，确定那些对新的软件版本依然有效的测试用例，其结果是建立一个新的基线测试用例库 T0。

（3）依据一定的策略从 T0 中选择测试用例进行测试。

（4）如果必要，生成新的测试用例集 T1，用于测试 T0 无法充分测试的软件部分。

（5）用 T1 执行修改后的软件。

（6）如果有自动化测试，还可以进行全功能自动化测试。

示例 8：文档测试主要包括哪些内容？

 根据测试对象不同，可以分为代码测试、软件测试等。文档测试也属于静态测试，包括用户手册、产品说明等。

解答：文档测试的目的是提高易用性和可靠性，降低支持费用，因为用户通过文档就可以自己解决问题。对软件系统有一个初步的掌握，主要可以从完整性、一致性、易理解性、印刷与包装几个方面入手测试。

- 一致性：测试文档与软件实际情况一致，包括软件的所有功能、文字与图形、授权、许可协议、安装与卸载、与宣传一致、设置导向、示例等。
- 易理解性：检查文档对关键、重要的操作的图文说明，文字、图表是否易于理解，包括文字准确、术语解释、内容和主题规范、图片清晰等。
- 印刷与包装：检查软件文档的商品化程度，用户手册的打印、装订，并要易于保存。
- 其他：售后服务联系、Logo 的插入等。

13.2.7　测试策略

软件测试策略是在测试质量和测试效率之间的一种平衡艺术，是为了以消耗最小的资源和时间而最大限度地降低产品的质量风险，尽早地完成测试所制订的最合适的方式、方法、过程等。选择合适的测试策略可以使投入的资源最小，发现更多潜在问题，完成质量保障任务，以提升测试交付质量、提升企业产品的质量、提升企业的竞争力。

示例 1：谈谈你对集成测试中自顶向下集成和自底向上集成两个策略的理解。

 对集成测试的测试策略进行考察，回答此问题不但需要对两种测试策略进行优缺点的解析，还要通过优缺点说出自己的理解，各自适合怎样结构的产品。

解答：自顶向下的集成测试就是按照系统层次结构图，以主程序模块为中心，自上而下按照深度优先或者广度优先策略对各个模块一边组装一边进行测试。使用这种测试策略可以较早地验证主要的控制和判断点；按深度优先可以首先实现和验证一个完整的软件功能；只有在个别情况下才需要驱动程序，减少了测试驱动程序开发和维护的费用；容易进行故障隔离和错误定位。缺点是柱的开发量大；底层验证被推迟；底层组件测试不充分。综上特点，这种测试策略适应于产品控制结构比较清晰和稳定；高层接口变化较小；底层接口未定义或经常可能被修改；产品控制组件具有较大的技术风险，需要尽早被验证；希望尽早能看到产品的系统功能行为。

自底向上集成是从系统层次结构图的最底层模块开始进行组装和集成测试的方式。使用此测试策略可以尽早验证底层模块的行为；工作最初可以并行集成，比自顶向下效率高；减少了桩模块的工作量；容易对错误进行定位。缺点是驱动模块的设计工作量大，高层设计上的错误不能被及时发现，只有到测试过程的后期才能发现时序问题和资源竞争问题。综上特点，这种测试策略适应于底层接口比较稳定、高层接口变化比较频繁、底层模块开发和单元测试工作完成较早的产品。

示例 2：单元测试的策略有哪些？

解答：单元测试策略有自顶向下、自底向上和孤立的单元测试三种。

（1）自顶向下的单元测试策略

方法：先对最顶层的基本单元进行测试，把所有调用的单元做成桩模块。然后对第二层的基本单元进行测试，使用上面已测试的单元做驱动模块。依此类推，直到测试完所有基本单元。

优点：在集成测试前提供早期的集成途径，在执行上和详细设计的顺序一致，不需要开发驱动模块。

缺点：随着测试的进行，测试过程越来越复杂，开发和维护成本增加。

（2）自底向上的单元测试策略

方法：先对最底层的基本单元进行测试，模拟调用该单元的单元做驱动模块。然后对上面一层进行测试，用下面已被测试过的单元做桩模块。依此类推，直到测试完所有单元。

优点：在集成测试前提供系统早期的集成途径，不需要开发桩模块。

缺点：随着测试的进行，测试过程越来越复杂。

（3）孤立的单元测试策略

方法：不考虑每个单元与其他单元之间的关系，为每个单元设计桩模块或驱动模块。每个模块进行独立的单元测试。

优点：简单、容易操作，可达到高的结构覆盖率。

缺点：不提供一种系统早期的集成途径。

示例3：集成测试的几种策略各有哪些优缺点？

解答：集成测试策略有大爆炸集成、自顶向下集成、自底向上集成、三明治集成、基干集成、分层集成、基于功能的集成、基于消息的集成、基于风险的集成和基于进度的集成。

（1）大爆炸集成

优点：可以迅速完成集成测试；并且只要极少数的驱动和桩模块；用例也是最少的；简单；资源利用率高。

缺点：一次试运行成功的可能性不大；问题定位和修改比较困难；许多接口错误很容易躲过测试。

适用：适应于一个维护型项目或被测试系统较小。

（2）自顶向下集成

详见13.2.7节中示例1的解答。

（3）自底向上集成

详见13.2.7节中示例1的解答。

（4）三明治集成

优点：集合了自顶向下和自底向上两种策略的优点。

缺点：中间层测试不充分。

适用：适应于大部分软件开发项目。

（5）基干集成

优点：具有三明治集成的优点，更适合于大型复杂项目的集成。

缺点：必须对系统的结构和相互依存性进行仔细的分析；驱动和桩开发量大；局部采用了大爆炸的策略，有些接口可能测试不充分。

适用：嵌入式系统中常用。

（6）分层集成

适用：适应于有明显层次关系的系统。

（7）基于功能的集成

优点：优先验证关键功能的正确性，减少驱动的开发，进度要快。

缺点：对接口测试不充分，有较大的冗余测试。

（8）基于消息的集成

优点：优先验证关键消息的正确性，减少驱动的开发，进度要快。

缺点：对接口测试不充分，有较大的冗余测试。

（9）基于风险的集成

优点：最具有风险的组件最早进行验证，有助于系统的快速稳定。

缺点：需要对各组件的风险有一个清晰的分析。

（10）基于进度的集成

优点：具有较高的并行度，能够有效缩短项目的开发进度。

缺点：桩和驱动工作量较大，有些接口测试不充分，有些测试重复和浪费。

13.2.8 测试用例

测试用例是一个文档，是为了验证某个目标而编制的一组输入、执行和预期结果的任务描述，用于核实是否与需求一致；主要包含测试目标、测试环境、重要级别、输入数据、测试步骤、预期结果等内容；由测试人员编写，用于测试人员执行测试时参考。

示例1：做好测试用例的设计关键是什么？

此题对测试用例设计考察的范围比较大，面试者可以从产品需求、用例要素、设计方法、用例评审、注意事项等几个方面作答，也可以从用例设计之前的准备工作、设计之中的方法使用和要素明确、设计之后的维护和版本更新等方面作答。

解答：在用例设计之前需要透彻地了解产品需求、程序的业务逻辑，对测试用例有一个框架式的设计，例如测试用例编号的命名、用例的管理、用例设计的颗粒度；在测试用例设计中善于运用设计方法，从功能、性能、兼容性、安全性、易用性、容错性等方面全面设计，编写时标题易懂、步骤清晰、等级划分明确；用例设计之后要及时维护，例如某个需求变更后要及时对相应的测试用例进行更新，非执行测试用例时发现的问题要将问题转换成测试用例。除此之外，在编写测试时要有计划、有方式地进行，提高效率。

示例2：简单说说测试用例的设计方法。

此题考察的是用例设计方法，可从白盒测试、黑盒测试两方面来作答，并且对自己熟悉的一两个测试方法进行举例。

解答：白盒测试可使用逻辑覆盖、循环覆盖、基本路径覆盖等方法；黑盒测试可使用边界值分析法、等价类划分、错误猜测法、因果图法、状态图法、测试大纲法、随机测试、场景法等测试方法。无论使用哪种设计方法，都要尽可能最大限度地覆盖测试点。例如，等价类划分法将所有可能输入的数据划分为有效等价类和无效等价类。如果有一个学生成绩的输入框，输入范围是 0～100，则有效值可取 0～100 中的任意一个值，无效值则有小于 0 的值、大于 100 的值、字符串、空值等。利用有效等价类可检验程序是否实现了需求所规定的功能，利用无效等价类可以检验程序是否处理了不合理或无意义的输入数据。

示例 3：正交表设计测试用例的特点是什么？

 正交试验设计（orthogonal experimental design）是研究多因素多水平的一种设计方法，根据正交性从全面试验中挑选出部分有代表性的点进行试验，这些有代表性的点具备"均匀分散，齐整可比"的特点。正交试验设计是一种基于正交表的、高效率、快速、经济的试验。

解答：用最少的实验覆盖最多的操作，测试用例设计很少，效率高，但是很复杂。对于基本的验证功能，以及二次集成引起的缺陷，一般都能找出来，但是更深的缺陷、更复杂的缺陷则无能为力。具体的环境下，正交表一般都很难做，基本只在系统测试时使用此方法。

示例 4：给你一支圆珠笔，如何设计测试用例？

 针对此类问题，答案都是类似的，按照功能性、性能、GUI、易用性、安全性、兼容性等几个方面进行说明，然后对每一个分类进行详细阐述。

解答：

（1）功能测试

- 可以流利地写出字。
- 写出来的字一定要清晰。
- 不同的材质上都可以使用，例如纸、布、木头等。
- 字的粗细、颜色、味道符合用户要求。
- 对于重复使用的笔，换芯之后可以重新使用。
- 笔头可以被笔套遮盖，防止在携带时身体意外碰到衣服上画出花。
- 携带其他的附属功能，例如橡皮擦、量尺刻度等。

（2）性能测试

- 长时间使用圆珠笔写字，测试不会出现写不出的情况。

- 测试一支笔可以使用多少时间，与市场上相同类型笔的使用时长有多大差别。
- 测试笔的外壳硬度，多少力度下才能破碎。
- 测试笔芯与笔套之间的磨损。
- 在不同的温度下写字的流利程度。

（3）GUI 测试

- 圆珠笔的外观美观，符合用户审美特点。
- 圆珠笔各个部位设计合理。
- 圆珠笔上的Logo或印在上面的字正确。

（4）易用性测试

- 笔的粗细合适，容易拿捏。
- 换取笔芯简单，容易。
- 握笔的位置有增加摩擦力的纹路或者皮胶之类的东西，以便写字时不打滑。
- 小巧轻灵，方便随身携带。
- 长度适合，可以伸缩，方便存放。

（5）安全性测试

- 小孩不易误食。
- 圆珠笔的设计不存在妨碍人身安全的情况。
- 笔身的材质及笔芯不存在安全问题。

（6）兼容性测试

- 容纳的笔芯符合常规要求。
- 能够兼容其他厂商的笔芯。

示例 5：你最近一个项目一共写了多少条测试用例？发现了多少个 BUG？

解答：我最近的一个项目有 3 个功能测试人员参与，用时半个月，共完成了 1000 多条测试用例，在编写的过程中发现有需求模糊的地方还花费了时间和产品经理进行确认。执行测试用例也基本花费了半个月时间，执行完测试用例后还进行了发散测试，总共发行近 300 个 BUG，非测试用例发现的问题有 100 个左右，后来也都补充到测试用例中，总共测试用例有 1100 多条。

示例 6：你一个工作日能完成多少条测试用例？

解答：这个不一定，要根据需求的清晰度、功能的复杂程度综合来看，如果需求清楚、功能简单则可完成 100 条左右的测试用例。如果需求要来回确认、功能逻辑要花费时间进行梳理，则写的比较少，一天也可能只写 20 条左右。

示例 7：什么是测试用例，什么是测试脚本，两者的关系是什么？

解答：测试用例是为某个特殊目标而编制的一组测试输入、执行条件以及预期结果，用于核实是否满足某个特定软件需求。测试脚本是自动执行测试过程的计算机可读指令。测试脚本可以被创建或使用测试自动化工具自动生成，或用编程语言编程来完成。测试脚本的编写必须对应相应的测试用例。

13.2.9　软件缺陷

缺陷也叫 BUG，是一个计算机程序中的错误，现已将其延伸为漏洞。在软件测试中定义的比较宽泛，包含更多层面内容，例如不符合需求规定、与用户行为习惯相反等可以改善的要求都称为缺陷。缺陷在提交时，有效且描述清晰简单，可以迅速帮助开发人员进行缺陷定位、错误重现。如果描述得模糊，则可能导致开发人员需要花费很长时间去理解此缺陷的本意，不利于工作的开展。这也是面试官喜欢提问缺陷的一个原因。

示例 1：缺陷报告包括哪些内容？

 此题考察面试者对缺陷报告内容的掌握，虽然不同的公司对缺陷报告的内容有些差异，但重要的一些点是相同的。面试者只要答出重要内容即可。

解答：提交者（缺陷报告发起者）、被测系统的版本号、测试环境、缺陷编号（一般由缺陷管理工具自动生成）、缺陷标题、缺陷等级、产生的模块（产生的模块中也可以添加影响的模块）、缺陷描述（问题描述和复现的操作步骤）、预期结果、实际结果、附件（如果需要则添加附件，包括错误页面截图、错误日志）等。

示例 2：请简述缺陷的生命周期。

 对于能用流程图表示的尽量画出流程图，有助于在分步说明时捋顺思路，也可以使面试官了解到自己的思维清晰、逻辑严密。

解答：测试工程师在执行测试时发现一个缺陷则新建缺陷报告，此时是新建状态；缺陷提交后由测试组负责人将其修改为打开状态，提交开发人员进行修改；开发人员拿到缺陷后进行确认，如果不是缺陷则将缺陷打回，如果是缺陷则进行下一步修改；开发人员将缺陷修改完成后，状态修改为已修复；测试人员在下一版本对已经修复的缺陷进行回归验证，如果回归验证不通过则将缺陷重新打开，如果缺陷回归测试通过则关闭缺陷，该缺陷的生命周期结束。详细流程图如图 13-4 所示。

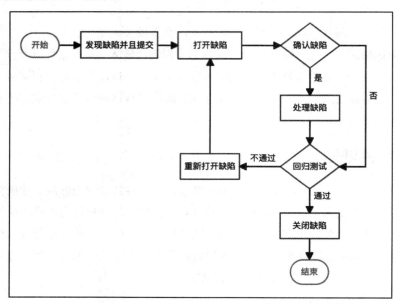

图 13-4　缺陷测试流程图

示例 3：缺陷等级分为哪些？举例说明。

解答：缺陷的等级是根据缺陷对系统造成的影响进行划分的，可分为致命、严重、一般和建议。致命级别缺陷指的是影响程序基本流程运行的错误，例如程序主要功能错误、程序或服务器崩溃、数据丢失的缺陷；严重级别缺陷指的是功能实现错误或内部计算错误，例如影响程序功能和性能的一些缺陷；一般级别缺陷指的是操作界面错误、格式错误、删除操作未做提示等，例如程序在删除数据时未给出提示；建议级别缺陷指界面不规范，说明文言不清晰，帮助文档含有错别字等，例如某些文言描述不准确、对程序质量影响非常轻微的缺陷。

示例 4：测试过程中遇到很难重现的 BUG 怎么办？

解答：只要是 BUG，就提交问题单，做出记录。然后尽可能从环境、操作步骤、数据等方面查找引起的原因，或者与开发进行交流，考虑哪些方面会引起。也可以进行版本回退，尝试查找原因。如果最终还是无法重现，可以暂时将此 BUG 进行保留，再跟踪几个版本，如果还是无法重现，那么可以将 BUG 进行结束处理。

示例5：发现的缺陷越多，说明软件缺陷越多吗？

解答：不一定，缺陷多一般有以下两种情况。

- 软件缺陷存在群集现象，一般系统里面重要和主要的业务模块发现问题会多，这属于正常现象，并且80%的缺陷集中在这些主要模块中。
- 以功能测试为例，软件进入正式测试阶段，在测试初期随着测试模块和用例覆盖面逐渐增加，发现缺陷的数量会越来越多，缺陷曲线图呈现波峰状态；测试中后期随着缺陷修复和测试用例数的减少，发现缺陷数量慢慢减少，缺陷曲线图开始呈现下降趋势。

所以，发现的缺陷越多，不一定是软件缺陷多，可能只是某一个模块缺陷多或某一个阶段缺陷多，具体情况还需要具体分析才可以得出最终结论。

示例6：程序中发现的所有缺陷都能修复吗？都必须修复吗？

理论上来说都是能够修复的，但是在现实中软件需要投入使用，产生相应的价值，如果对一些不重要的缺陷花费大量的时间来修复是不值得的，越早将软件投入使用也就意味着越早产生价值，为企业带来利益。

解答：从技术上讲，软件中所有的缺陷都是能够修复的，但是没有必要全部修复。作为测试人员，不仅要对软件质量进行把控，也要考虑投入与产出比。在产品研发中，对于缺陷要做一个正确的判断，根据风险、价值、时间等因素决定是否需要修复。通常来说，出现以下情况会对某些缺陷不进行修复或者在下一个版本进行修复：

- 时间紧张、人力资源不足。在接近发布之前，开发人员和测试人员紧张，此时对某些不重要的或边沿缺陷不进行修复。因为修复完成后没有足够的人力进行回归测试，也有可能引入新的缺陷，因此可以将这些缺陷放在下个版本进行修复。
- 特殊情况下出现的缺陷。这些缺陷用户不会使用到，也处于商业利益的考虑，在以后版本中如果可以再考虑修复。
- 偶现的，倒退版本也不能重现的缺陷。这样的缺陷很难再次重现，所以找到它发生的原因是特别困难的，考虑到成本问题，所以暂时不做处理，在以后的使用中如果再次发生再进行修复。

总的来说，缺陷是否修复需要开发人员、测试人员、产品经理等相关人员共同讨论决定，以便做出正确、有利的决定。

示例7：软件问题可以分几类？

解答：软件问题可以分为软件错误、软件缺陷、软件故障、软件失效。

- 软件错误：在软件生存周期内不希望或不可接受的人为错误。
- 软件缺陷：存在于软件（文件、程序、数据）之中的不希望或不可接受的偏差。
- 软件故障：软件运行过程中出现的一种不希望或不可接受的内部状态。
- 软件失效：软件运行时产生的一种不希望或不可接受的外部行为。

示例 8：如果想进行 BUG 的测评，怎么去评测？

解答： BUG 的 priority() 和 severity() 是两个重要属性，通常人员在提交 BUG 的时候只定义 severity，而将 priority 交给 leader 定义。通常 BUG 管理中，severity 分为四个等级（blocker、critical、major、minor/trivial），而 priority 分为五个等级（immediate、urgent、high、normal、low）。

- **Severity（严重程度）**

① blocker（崩溃）：阻碍开发或测试工作的问题；造成系统崩溃、死机、死循环，导致数据库数据丢失、与数据库连接错误、主要功能丧失、基本模块缺失等问题。例如：代码错误、死循环、数据库发生死锁、重要的一级菜单功能不能使用等。

② critical（严重）：系统主要功能部分丧失、数据库保存调用错误、用户数据丢失，一级功能菜单不能使用但是不影响其他功能的测试。功能设计与需求严重不符，模块无法启动或调用、程序重启、自动退出，关联程序间调用冲突，安全问题、稳定性等。例如：软件中数据保存后数据库中显示错误、用户所要求的功能缺失、程序接口错误、数值计算统计错误等。

③ major（一般、界面、性能缺陷、兼容性）：功能没有完全实现但是不影响使用，功能菜单存在缺陷但不会影响系统的稳定性。例如：操作时间长、查询时间长、格式错误、边界条件错误、删除没有确认框、数据库表中字段过多等。

④ minor/trivial（次要、易用性及建议性问题）：界面、性能缺陷，建议类问题，不影响操作功能的执行，可以优化性能的方案等。例如：错别字、界面格式不规范，页面显示重叠、不该显示的要隐藏，描述不清楚，提示语丢失，文字排列不整齐，光标位置不正确，用户体验感受不好，可以优化性能的方案等。

- **Priority（优先级）**

① immediate：表示问题必须马上解决，否则系统根本无法达到预定的需求。

② urgent：表示问题的修复很紧要，很急迫，关系到系统的主要功能模块能否正常。

③ high：表示有时间就要马上解决，否则系统偏离需求较大或预定功能不能正常实现。

④ normal：进入个人计划解决，表示问题不影响需求的实现，但是影响其他使用方面，比如页面调用出错。

⑤ low：问题在系统发布以前必须确认解决或确认可以不予解决。

13.2.10 测试报告

测试报告是对测试结果的展示。对于领导、客户来说，对测试过程不太感兴趣，但是对测试结论非常感兴趣，从测试报告中可以看到产品的质量信息，项目管理者对测试执行中成本、资源和时间的投入，更重要的是可以得到产品测试结果是否符合自己的预期结果。

示例：测试报告是怎么编写的？

 考核测试报告的主要内容。

解答：系统测试报告主要分为四部分：第一部分引言，第二部分测试概况，第三部分测试分析，第四部分总结。

（1）引言：对测试报告以及系统项目的简单介绍，包括编写目的、项目背景、系统简介、术语、缩写词和参考资料。

（2）测试概况：对测试的一些信息进行说明，包括测试用例的设计、测试环境和配置、使用到的测试方法和工具、测试进度和工作量。测试用例的设计中需要说明从哪些方面进行考虑（例如功能、性能、自动化、安全等），在设计时采用的设计方法（例如边界值、等价类、因果图等），总共有多少条测试用例。测试进度和工作量需要从项目开始到项目结束，测试计划到测试报告，完整的人天（人天是一种计量方式，表示一个人工作一天的工作，例如 2 人天就表示 2 个人工作一天的工作，可以是一个人工作两天，也可以是两个人工作一天，除此之外还有人周、人月等）说明，最好以表格的形式展示。

（3）测试分析：汇总各种数据并进行度量，包括对测试过程的度量和能力评估、对软件产品的质量度量和产品评估，包含用例执行情况、缺陷记录及修复情况、用例，需求，代码覆盖率、缺陷分析（严重级别、分布模块、产生原因等多角度分析）等。

（4）总结：总结是对本次测试的一个评定，包括质量版本、质量总结、遗留问题、测试结论和后续工作的建议。

13.2.11 职责

软件测试用于检验程序是否满足规定的需求。软件测试工程师的职责是检测和保障程序开发过程中的质量，负责软件质量的把关。只有清楚自己的职责才能更好地服务于公司，根据测试工作的需要学习相关的技术、提高测试水平、提高工作效率。

示例 1：测试人员在软件开发过程中的任务是什么？

解答：总的任务是保证软件质量。细分又可以分为很多条，例如：

- 尽可能发现软件中存在的BUG。
- 避免软件交付后出现BUG。
- 衡量软件的品质，保证系统的质量。
- 关注用户的需求，并保证系统符合用户需求。

示例 2：你在 xx 项目中主要做什么工作？

比较全面地考察面试者在项目中的职责和责任。注意，面试官很明确地提出了具体项目，回答此问题时一定要切合项目实际来作答，需要使用实例来具体描述。

解答：在 xx 项目中，我主要承担软件测试的工作。例如，某次的需求是添加一个 xx 功能，在与产品经理、开发人员一起评审过需求后，我写了一个简单的测试计划，花费 x 工作日时完成测试用例的设计，花费 x 工作日时进行测试，花费 x 工作日时进行回归测试等；在设计用例时使用了 x 设计方法（等价类、变价值、错误猜测法等），一共设计了 x 条测试用例；测试执行时发现了 x 个缺陷（x 个严重缺陷，x 个一般缺陷），通过测试用例发现了 x 个缺陷；回归测试时回归了测试用例等级高的和缺陷报告；最后提交了一份测试报告。产品上线后未出现超过一般级别的缺陷。除此之外，根据本次需求还对帮助文档进行了更新。

13.3 数据库

在软件测试行业中，产品展示的数据大部分来源于数据库，因此软件测试工程师对数据库的了解便是一个基本的要求。在测试工程师了解需求后，需求中涉及数据的内容，只有运用数据库相关知识才能构建合理的测试数据，编写出更加完善的测试用例。因此，在面试过程中数据库相关知识的考察便成为一个基本项。

13.3.1　数据库基础

数据库基础是对数据库的基本了解，通过来说考察的是一些概念性问题。

示例 1：关系型数据库和非关系型数据库的区别是什么？

此题主要考察面试者对关系型数据库和非关系型数据库的理解。如果两种类型的数据库都在实际项目中使用过，则很好做出解答。常见的关系型数据库有 MySQL、PostgreSQL 和 SQLite 等，常见的非关系型数据库有 MongoDB、CouchDB、Redis 和 Apache Cassandra 等。

解答：

关系型数据库的优点：

- 容易理解：二维表结构是非常贴近逻辑世界的一个概念，关系模型相对网状、层次等其他模型来说更容易理解。
- 使用方便：支持SQL语句，可用于复杂的查询。通用的SQL语言使得操作关系型数据库非常方便。
- 易于维护：实体完整性、参照完整性和用户定义的完整性很大地降低了数据冗余和数据不一致的概率。
- 支持事务。

关系型数据库的缺点：

- 表结构固定。
- 不支持高并发读写需求。
- 不支持海量数据的高效率读写。
- 为了维护一致性所付出的巨大代价就是其读写性能比较差。

非关系型数据库的优点：

- NoSQL的存储格式都是（key, value）。
- 数据没有耦合性，容易扩展存储数据的格式。
- 无须经过SQL层的解析，读写性能很多基于键值对。

非关系型数据库的缺点：不支持 SQL 语言。

综上特点，非关系型数据库适合需要大量写入的地方，例如日志记录或过渡数据，而非关系型数据库适合没有大量数据插入或偶尔插入数据的业务数据存储，例如报告、客户管理等。

示例 2：主键、超键、候选键和外键分别是什么？

 此题主要考察面试者对数据库中主键、超键、候选键和外键的基本概念知识，如果是面试官直接提问，则在回答时结合项目中的实际应用实例回答更能显示出自己在这方面的知识储备及其运用。

解答：

● **主键：** 数据库表中对储存数据对象予以唯一和完整标识的数据列或属性的组合。一个数据列只能有一个主键，且主键的取值不能缺失，即不能为空值（Null）。

● **超键：** 在关系中能唯一标识元组的属性集称为关系模式的超键。一个属性可以为作为一个超键，多个属性组合在一起也可以作为一个超键。超键包含候选键和主键。

● **候选键：** 最小超键，即没有冗余元素的超键。

● **外键：** 在一个表中存在的另一个表的主键。

示例 3：事务的四大特性是什么？

解答： 事务的四大特性（ACID）是原子性、一致性、隔离性、持久性。

● **原子性：** 事务是一个不可分割的工作单位，事务中的操作要么都发生，要么都不发生。

● **一致性：** 如果事务执行之前数据库是一个完整的状态，那么事务结束后，无论事务是否执行成功，数据库仍然是一个完整的状态。

● **隔离性：** 多个用户并发访问数据库时，一个用户的事务不能被其他用户的事务所干扰，多个并发事务之间的数据要相互隔离。

● **持久性：** 一个事务一旦被提交，它对数据库的影响就是永久性的。

示例 4：什么是事务？MySQL 如何支持事务？

解答： 事务是由一步或几步数据库操作序列组成的逻辑执行单元，这一系列操作要么全部执行，要么全部放弃执行。MySQL 的事务处理主要有两种方法：

（1）用 begin、rollback、commit 来实现。

● **begin：** 开始一个事务。

● **rollback：** 事务回滚。

● **commit：** 事务确认。

（2）直接用 set 来改变 MySQL 的自动提交模式。MySQL 默认是自动提交的，也就是你提交一个语句就直接执行。可以通过下面两种设置来进行：

● **set autocommit = 0：** 禁止自动提交。

● **set autocommit = 1：** 开启自动提交。

示例 5：什么叫视图？

解答：视图是一种虚拟的表，是一组数据的逻辑表示，通常是有一个表或者多个表的行或列的子集，具有和物理表相同的功能。视图本身并不包含任何数据，它只包含映射到基表的一个查询语句，当基表数据发生变化时，视图数据也会随之变化。

示例 6：索引设计的原则？

解答：适合索引的列是出现在 where 子句中的列，或者连接子句中指定的列。基数较小的类，索引效果较差，没有必要在此列建立索引。使用短索引，如果对长字符串列进行索引，应该指定一个前缀长度，这样能够节省大量索引空间。不要过度索引，索引需要额外的磁盘空间，并降低写操作的性能。在修改表内容的时候，索引会进行更新甚至重构，索引列越多，这个时间就会越长。所以，只保持需要的索引有利于查询即可。

示例 7：简单地说说 Redis。

解答：Redis 是一款 NoSQL 技术，面向 Java Web。它就是一个简单的基于内存的数据库，并提供持久化服务。Redis 和 MongoDB 是当前使用最广泛的 NoSQL，主要应对每秒几十万的读写操作，其性能远远超过数据库，并且在高并发下保证数据的一致性和安全性。Redis 具有很多优势：性能优秀，数据在内存中，读写速度非常快，支持并发 10W QPS；单进程单线程，是线程安全的，采用 IO 多路复用机制；丰富的数据类型，支持字符串（strings）、散列（hashes）、列表（lists）、集合（sets）、有序集合（sorted sets）等；支持数据持久化；可以将内存中数据保存在磁盘中，重启时加载；主从复制，哨兵，高可用；可以用作分布式锁；可以作为消息中间件使用，支持发布订阅。

13.3.2　SQL 语句

在笔试题中，SQL 语言基本是必考的一项内容，对于测试工程师的测验，一般不会太难，通常遇到的问题是数据的增加、删除、修改、查找、排序、关联等。

示例 1：SQL 中常用的聚合函数有哪些？

 考察 SQL 基础能力和常见的数据库函数。

解答：

- max()：最大值。
- min()：最小值。

- avg()：平均值。
- sum()：求和。
- count()：统计总数。

示例 2：drop、delete、truncate 三者有什么区别？

解答：三个命令都表示删除，但是又有一些差别。delete 用来删除表的全部或者一部分数据行，执行 delete 之后，用户需要提交（commmit）或者回滚（rollback）来执行删除或者撤销删除，会触发这个表上所有的 delete 触发器；truncate 是删除表中的所有数据，此操作不能回滚，也不会触发表上的触发器，truncate 比 delete 更快，占用的空间更小；drop 命令是从数据库中删除表，所有的数据行、索引和权限也会被删除，所有的 DML 触发器也不会被触发，此命令也不能回滚。

示例3：有如下两张数据表（表13-1和表13-2），根据数据表信息写出要求的SQL语句。

表 13-1　员工 employees 表

id	name	performance	gender
1	杨晓晴	96	女
2	王豪庆	80	男
3	任文忠	100	男
4	赵涵涵	96	女
5	尚可儿	89	女
6	王志刚	91	男
7	钱小强	88	男

表 13-2　员工信息 employees_info 表

id	name	age	height	weight
1	杨晓晴	21	158	53
2	王豪庆	32	179	72
3	任文忠	20	173	67
4	赵涵涵	23	160	51
5	尚可儿	25	155	48
6	王志刚	25	171	69
7	钱小强	27	177	66

（1）按绩效 performance 倒序排列显示出员工 name、绩效 performance。

```
select name, performance from employees order by performance desc;
```

（2）查询出绩效 performance 大于 90 的人数。

```
select count(*) from employees where performance>90;
```

（3）将所有男生的性别修改成 0。

```
update employees set gender=0 where gender='男';
```

（4）查询出最高绩效。

```
select max(performance) from employees;
```

（5）通过左连接获取表 employees（别名 t1)和表 employees_info（别名 t2)中 id 相同的数据，并且显示出女生的 id、name、performance、age、weight。

```
select t1.id, t1.name, t1.performance, t2.age, t2.weight from employees
as t1 left join employees_info as t2 on t2.id = t1.id where t1.gender='女';
```

（6)在 employees_info 表中插入数据 id=7，name='唐菀',age=18,height=160,weight=50。

```
insert into employees_info(id, name, age, height, weight) values(7, '
唐菀', 18, 160, 50);
```

13.4 操作系统

操作系统（Operating System，OS）是管理计算机硬件与软件资源的计算机程序。软件测试工程师在测试程序时需要在需求规定的各种操作系统环境下进行测试，保证程序在不同的系统中都可以稳健运行。这也使得测试者需要对不同的操作系统都有所了解。常见的操作系统有Windows、macOS X、Linux、Android、iOS。还有一些不经常使用的操作系统，例如Chrome OS、类UNIX家族下的System V和BSD、武汉深之度公司发行的Deepin操作系统。

对操作系统的了解有助于提高测试效率，对于 Windows、macOS X 等图形界面操作系统，测试人员容易上手；对于 Linux 等非图形界面操作的系统就成为面试官考察的一项内容。

示例 1：说一些经常使用的 Linux 命令。

考察 Linux 操作系统中的常用命令，此题不难回答，但要注意回答完此题后面试官可能会深层次地了解面试者的知识储备和实际操作，从而验证面试者是否是临时记忆没有实际操作经验，比如面试官可能会提问查看一个日志文件使用什么命令。

解答： Linux 操作系统一般用于服务器端，在服务器端的操作中我经常会使用以下命令。

- 查找文件：find，添加–name参数，则按名称查找，添加–perm，则按权限查找，添加–user参数，则按文件所属用户查找。
- 查看本机IP：ifconfig。
- 查看系统资源：top。
- 显示主机名称：hostname。
- 连接到远程计算机上：telnet 192.168.0.11。
- 文件打包：tar － cvf 目标文件名.tar。
- 文件解包：tar － xvf 目标文件名.tar。

除此之外，还有经常使用的进入目录命令 cd、显示指定目录下的内容 ls、文本编辑命令 vi 或 vim、创建目录命令 mkdir、查看文件命令 cat/more/less 等。

示例 2： 在查看文件时，一个文件的权限显示 "rwxrw-r--" 表示什么意思？

解答： 文件权限一共有 9 段，每三个为一组，共有三组，依次表示所属用户、所属组和其他人对该文件的操作权限。字段中有 r、w、x 三个值，分别代表不同的操作权限：r 表示可读取此文件的实际内容，如读取文件的文本内容；w 表示可以编辑、新增或是修改该文件的内容，但是不能删除该文件；x 表示该文件具有可以被执行的权限。

示例 3： 在 Linux 系统中，一个文件的访问权限是 755，表示什么意思？

解答： 755 表示该文件所有者对文件具有读、写、执行权限，该文件所有者所在组用户及其他用户对该文件具有读和执行权限。

示例 4： 怎样只显示某一个文件的进程号？

 此题不仅考察了面试者对进程命令的掌握，也考察了匹配筛查命令的理解。

解答： 先使用 ps 命令查看系统当前运行的进程，然后通过 grep 命令对需要的文件进程号进行显示，如下示例就只显示 PID 为 1451 的文件。

```
ps -aux| grep 1451
```

示例 5： Windows 操作系统中 PATH 环境变量的作用是什么？

解答： PATH 是 Windows 操作系统中的环境变量，作用是用户在命令行窗口执行一个命令，如果用户不希望进入程序所在的位置执行则需要在 PATH 变量中添加程序的路径。用户在输入执行命令后会在 PATH 下添加的路径中寻找，若找到则执行，若没有找到则命令行窗口返回无效命令。例如，Python 程序安装完成后，将 python.exe 路径添加到 PATH 下，命令行中输入"python xx"则执行 python 对应的命令。

示例 6：如何杀死一个进程？

 此题实际上同时考察了查看进程命令和杀死进程命令。

解答：在杀死一个进程的时候，我们需要知道它的 PID，例如查找 kafka 的进程，则此命令可以写成 ps –ef |grep kafka。当知道了 PID 时，则可杀死该进程。例如，kafka 的 PID 是 1234，则停止 kafka 的命令为 kill -9 1234。

示例 7：怎么查看当前进程，怎么执行退出，怎么查看当前路径？

解答：查看当前进程用 ps；执行退出用 exit；查看当前路径用 pwd。

示例 8：如何查看日志文件？

解答：在项目中，通常会把日志存放在 logs 目录文件下。日志文件会以.log 结尾，可以使用 tail -f 动态实时查看。

先使用 cd 命令进入 logs 目录，然后使用命令 tail -f xx.log 查看，屏幕上会动态实时显示当前的日志。也可以使用 tail -100 xx.log 查看最新的 100 行日志。

示例 9：如何查看大小超过 10MB 的文件？

解答：使用 find 命令：find . -type f -size +10M。搜索当前路径下所有超过 10MB 的文件，如果不加-type f 参数则搜索普通文件+特殊文件+目录。

13.5　网络协议

网络协议是计算机网络中互相通信的对等实体之间交换信息时所必须遵守的规则集合。测试人员理解了网络的整体架构以及了解了主要技术（交换机工作原理、网络协议、HTTP 报文、网络分层、数据链路、网络安全等）则会使项目测试更加深入，而不单单是只停留在产品层面，也有利于问题的定位。

13.5.1　OSI 七层模型

七层模型也称 OSI（Open System Interconnection）参考模型，是国际标准化组织（ISO）

制订的一个用于计算机或通信系统间互联的标准体系。七层分别是物理层、数据链路层、网络层、传输层、会话层、表示层和应用层。它是一个抽象的模型体，不仅包括一系列抽象的术语或概念，也包括具体的协议。面试官通过考察面试者对其的理解程度来判断面试者对网络协议内部运作的掌握。

示例：说说网络七层模型及其对应的协议。

解答：OSI 定义了网络互连的七层框架（物理层、数据链路层、网络层、传输层、会话层、表示层、应用层），即 OSI 七层模型。每一层实现各自的功能和协议，并完成与相邻层的接口通信。OSI 的服务定义详细说明了各层所提供的服务。某一层的服务就是该层及其下各层的一种能力，通过接口提供给更高一层。各层所提供的服务与这些服务是怎么实现的无关。每层详细作用和对应的传输协议如表 13-3 所示。

表 13-3　OSI 七层模型

名　　称	作　　用	传输协议
应用层（Application）	为应用程序提供服务	FTP、TFTP、Telnet、HTTP、DNS
表示层（Presentation）	数据格式转化和加密	Telnet、SNMP
会话层（Session）	建立、管理、维持会话	SMTP、DNS
传输层（Transport）	建立、管理和维护端到端的连接	TCP、UDP
网络层（Network）	IP 选址和路由选择	IP、ICMP、ARP、RARP
数据链路层（Data Link）	提供介质访问和链路管理	ARP、MAC、FDDI、Ethernet、Arpanet、PPP、PDN
物理层（Physical）	网络物理层	IEEE 802.1A、IEEE 802.2

13.5.2　TCP/IP 分层管理

分层管理是 TCP/IP 协议族中一个很重要的点，依次分为应用层、传输层、网络层和数据链路层，共四层。它将一个整体进行分割，就好比一条生产线有好几个工段，对应不同的操作，如果某个环节出现了问题则直接在对应的工段进行调整修改。层次分化之后，设计上也会相对简单，处于应用层上的应用，只用考虑分派给自己的任务，不需要考虑对方的传输路线或者正确传输送达等问题。

示例 1：简单介绍下 TCP/IP 四层模型。

解答：TCP/IP 协议族是一个四层协议系统，自底而上分别是数据链路层、网络层、传输层和应用层。每一层完成不同的功能，且通过若干协议来实现，上层协议使用下层协议提供的服务。每层详细作用和对应的传输协议如表 13-4 所示。

表 13-4 TCP/IP 四层模型

名　　称	作　　用	传输协议
应用层	用于不同的应用程序	FTP、SMTP、Telnet、SNMP
传输层	主要为两台机器上的应用程序提供端到端的通信	TCP、UDP
网络层	处理分组在网络中的活动，例如分组选路	IP、ICMP、IGMP
数据链路层	处理与电缆或其他传输媒介的物理接口	ARP、RARP

示例 2：TCP 与 UDP 有什么区别？

解答：TCP 是面向连接的，UDP 是无连接的；TCP 是可靠的，UDP 是不可靠的；TCP 保证数据顺序，UDP 不保证；TCP 保证数据正确性，UDP 可能丢包；TCP 只支持点对点通信，UDP 支持一对一、一对多、多对一、多对多的通信模式；TCP 是面向字节流的，UDP 是面向报文的；TCP 有拥塞控制机制，UDP 没有拥塞控制，适合媒体通信；TCP 首部开销（20 个字节）比 UDP 的首部开销（8 个字节）要大；TCP 要求系统资源较多，UDP 较少。

13.5.3 TCP 协议传输策略

为了能够准确无误地把数据送达目标处，TCP 协议采用了三次握手策略。用 TCP 协议把数据包送出去后，TCP 不会对传送后的情况置之不理，它一定会向对方确认是否成功送达。在断开时则需要四次挥手。除此之外，TCP 协议还通过确认和重传、数据校验、数据合理分片和排序、流量控制和拥塞控制等措施来保证通信的可靠。

示例 1：简述三次握手。

解答：三次握手即 TCP 连接的建立。这个连接必须是一方主动打开，另一方被动打开。第一次握手，首先客户端向服务器端发送一段 TCP 报文，服务器端了解到客户端的发送能力、服务器端的接收能力是正常的；第二次握手，服务器端接收到来自客户端的 TCP 报文之后返回一段 TCP 报文，客户端收到后得到服务器端的接收、发送能力，客户端的接收、发送能力是正常的。此时服务器端还没有确认客户端的接收能力是否正常；第三次握手，客户端接收到来自服务器端的确认，收到数据的 TCP 报文之后，明确了从客户端到服务器的数据传输是正常的并返回最后一段 TCP 报文，服务器端收到后明确了客户端的接收、发送能力正常，服务器自己的发送、接收能力也正常。至此，连接建立，此后客户端和服务器端进行正常的数据传输。

示例 2：简述四次挥手。

解答：四次挥手即 TCP 连接的释放（解除）。连接的释放必须是一方主动释放，另一方被动释放。第一次挥手，首先客户端想要释放连接，向服务器端发送一段 TCP 报文；第二次挥手，服务器端接收到从客户端发出的 TCP 报文之后，确认客户端想要释放连接，随后返回一段 TCP 报文；第三次挥手，如果服务器端也想断开连接，做好了释放服务器端到客户端方向上的连接准备，再次向客户端发出一段 TCP 报文；第四次挥手，客户端收到从服务器端发出的 TCP 报文，确认了服务器端已做好释放连接的准备，并向服务器端发送一段报文作为应答。由此正式确认关闭服务器端到客户端方向上的连接。

13.5.4 HTTP 请求

HTTP 的请求方法有多种，常用的有 GET 方法和 POST 方法。通过请求方法，服务器可以知道客户端请求的意图。例如，在 HTTP/1.1 中，GET 方法用于获取资源，POST 方法用于请求传输实体主体，DELETE 方法用于删除文件，CONNECT 方法要求用隧道协议连接代理。

示例 1：常用的 HTTP 请求方法有哪些？

HTTP 请求方法有多种，使用最多的是 GET 方法和 POST 方法，除此之外还有其他请求方法，例如 HEAD 方法、PUT 方法、DELETE 方法、CONNECT 方法。回答此问题时除了回答 GET 和 POST 方法，还应该回答一些其他方法。

解答：HTTP 请求的方法有 GET 方法、POST 方法、HEAD 方法、PUT 方法、DELETE 方法、CONNECT 方法、OPTIONS 方法、TRACE 方法。GET 方法用来请求 URL 指定的资源；POST 方法用来传输实体的主体；PUT 方法用来传输文件；HEAD 方法和 GET 方法一样，只是不返回报文主体部分；DELETE 方法用来删除文件，与 PUT 方法相反；CONNECT 方法要求用隧道协议连接代理；OPTIONS 方法用来查询针对请求 URL 指定的资源支持的方法；TRACE 方法用于沿着目标资源的路径执行消息环回测试。最常见的也是最常用的当属 GET 方法和 POST 方法。

示例 2：GET 请求与 POST 请求有什么区别？

回答此问题时需要先回答 GET 方法与 POST 方法是做什么用的，再谈谈区别。最后如果能说出两种方法在什么场景下使用则更能体现出对此理解透彻。

解答：GET 请求一般用于信息获取，使用 URL 传递参数，并且对所发送信息的数量也有限制，一般在 2000 个字符。POST 请求一般用于修改服务器上的资源，对所发送的信息数量没有限制。在功能上，GET 请求用于获取服务器上的资源，而 POST 请求用于更新服务器上的资源；在参数传递上，GET 请求传递的参数会附在 URL 之后，而 POST 请求将参数放置在 HTTP 请求报文的请求体中；在安全性上，GET 请求提交的参数以明文出现在 URL 上，而 POST 请求的参数会被包装到请求体中，所以 POST 请求相对更安全；在请求大小上，GET 请求受 URL 长度限制，而 POST 请求没有限制。介于两者之间的区别，所以对于信息的获取一般使用 GET 请求，而对于向服务器发送大量数据，无法使用缓存文件和发送包含未知字符的用户输入时使用 POST 请求。

示例 3：HTTP 协议中的无状态指的是什么？

 HTTP 是一种无状态（stateless）协议，本身不会对发送过的请求和相应的通信状态进行持久化处理，目的是为了保持 HTTP 协议的简单性，从而快速处理大量的事务。

解答：无状态是指协议对于事务处理没有记忆功能。缺少状态意味着，假如后面的处理需要前面的信息，则前面的信息必须重传，这样可能导致每次连接传送的数据量增大。另一方面，在服务器不需要前面信息时，应答较快。直观地说，就是每个请求都是独立的，与前面的请求和后面的请求都是没有直接联系的。

13.5.5 Cookie

HTTP 是无状态协议，对之前发生过的请求和响应的状态不进行管理。但是某些场景下又希望控制客户端状态，于是引入了 Cookie，Cookie 技术会根据服务器端发送的响应报文中 Set-Cookie 首部字段信息通知客户端保存 Cookie。当下次客户端再发送请求时，会自动在请求报文中添加 Cookie 值后再发送。

示例 1：Cookie 和 Session 有什么区别？

 Cookie 机制采用的是在客户端保持状态的方案，Session 机制采用的是在服务器端保持状态的方案。两者的存储都是用户登录信息、操作行为等数据。

解答：Cookie 是客户端技术，程序将用户的数据以 Cookie 的形式存储在浏览器中，当用户使用浏览器访问服务器时，会自动在请求报文中添加 Cookie 值后再发送，如此服务器处理的就是用户各自的数据。Session 是服务器端技术，利用这个技术，服务器为每一个访问服务器的用户创建一个独享的 Session 对象，并且把 Session 对象的 ID 保存在本地 Cookie 中，当用户再次访问服务器时，带着 Session 的 ID，服务器就会匹配用户在服务器上的 Session，根据 Session 数据还原用户上次的浏览器状态或提供其他人性化服务。一般情况下，登录信息等重要信息存储在 Session 中，其他信息存储在 Cookie 中。

示例 2：Cookie 是一直有效的吗？

 Cookie 的内容主要包括名字（Name）、值（Value）、过期时间（Expires）、路径（Path）和域（Domain）。路径与域一起构成 Cookie 的作用范围。通过过期时间可以设置 Cookie 的有效时长。

解答： Cookie 的有效时间是要根据内容中的过期时间进行判断的。如果不设置过期时间则表示该 Cookie 的生命周期为浏览器会话期间，生命周期就是在应用结束（一般为浏览器关闭）的时候结束，一般称为会话 Cookie，保存在内存中。如果设置了过期时间，则表示 Cookie 会存储在硬盘上，直到超过有效时间。

示例 3：Session 的工作原理是什么？

解答： Session 的工作原理是客户端登录完成之后，服务器会创建对应的 Session。Session 创建完之后，会把 Session 的 id 发送给客户端，客户端再存储到浏览器中。这样客户端每次访问服务器时都会带着 Session，服务器获得 sessionid 之后，在内存中找到与之对应的 Session，这样就可以正常工作了。

13.5.6 HTTP 状态码

在访问一个网页时，浏览器会向网页所在服务器发出请求。当服务器接收到请求后会返回一个包含 HTTP 状态码的信息头，用以响应浏览器的请求。HTTP 状态码用来描述返回的请求结果。借助状态码，可以判断出服务器的处理结果是正常处理还是出现了错误。对于测试人员来说，通过状态码可以对基本问题做出判断，定位问题是发生在前端还是后台。

示例：常见的 HTTP 返回状态码有哪些？

 此问题可以先对五种类型状态码做一下解释，然后具体说几个常见的状态码。

解答： HTTP 状态码共分为 5 种类型：1** 表示信息类，服务器收到请求，需要请求者继续执行操作；2** 表示成功类，操作被成功接收并处理；3** 表示重定向类，需要进一步的操作以完成请求；4** 表示客户端错误类，请求包含语法错误或无法完成请求；5** 表示服务器错误类，服务器在处理请求的过程中发生了错误。常见的状态码有：200，服务器成功返回网页；304，未修改，自从上次请求后请求的网页未修改过，服务器返回此响应时不会返回网页内容；403，服务器拒绝请求；404，请求的网页不存在；500，服务器执行请求时发生错误；503，服务器超时。

13.5.7　HTTPS

HTTPS=HTTP+加密+认证+完整性保护，可以理解为 HTTP 协议的升级版，是以安全为目标的 HTTP 通道，在 HTTP 的基础上通过传输加密和身份认证保证了传输过程的安全性。即在数据进行传输之前对数据进行加密，然后发送到服务器。在传输过程中即便数据被第三方截获，由于数据是加密的，因此个人信息仍然是安全的。

示例 1：HTTP 和 HTTPS 有什么区别？

解答：从安全性上说，HTTPS 是安全超文本协议，在 HTTP 基础上有更强的安全性。简单来说，HTTPS 是使用 TLS/SSL 加密的 HTTP 协议；在申请证书上，HTTPS 需要使用 CA 申请证书；在传输协议上，HTTP 是超文本传输协议，明文传输，而 HTTPS 是具有安全性的 SSL 加密传输协议；在连接方式与端口上，HTTP 的连接简单，是无状态的，端口是 80，HTTPS 在 HTTP 的基础上使用了 SSL 协议进行加密传输，端口是 443；在资源消耗上，HTTPS 通信会由于加解密处理消耗更多的 CPU 和内存资源。

示例 2：HTTPS 有哪些优点和缺点？

解答：尽管 HTTPS 并非绝对安全，掌握根证书的机构、掌握加密算法的组织同样可以进行中间人形式的攻击，但是 HTTPS 仍是现行架构下最安全的解决方案，主要有以下几个好处：

- 使用HTTPS协议可认证用户和服务器，确保数据发送到正确的客户机和服务器。
- HTTPS协议是由SSL+HTTP协议构建的可进行加密传输、身份认证的网络协议，要比HTTP协议安全，可防止数据在传输过程中不被窃取、改变，确保数据的完整性。
- HTTPS是现行架构下最安全的解决方案，虽然不是绝对安全，但它大幅增加了中间人攻击的成本。
- 谷歌曾在2014年8月份调整搜索引擎算法，并称"比起同等HTTP网站，采用HTTPS加密的网站在搜索结果中的排名将会更高"。

虽然说 HTTPS 有很大的优势，但其相对来说还是存在不足之处的：

- HTTPS协议握手阶段比较费时，会使页面的加载时间延长近50%，增加10%到20%的耗电。
- HTTPS连接缓存不如HTTP高效，会增加数据开销和功耗，甚至已有的安全措施也会因此而受到影响。
- SSL证书需要钱，功能越强大的证书费用越高，个人网站、小网站没有必要，一般不会用。

- SSL证书通常需要绑定IP，不能在同一IP上绑定多个域名，IPv4资源不可能支撑这个消耗。
- HTTPS协议的加密范围比较有限，在黑客攻击、拒绝服务攻击、服务器劫持等方面几乎起不到什么作用。最关键的是SSL证书的信用链体系并不安全，特别是在某些国家可以控制CA根证书的情况下，中间人攻击一样可行。

13.5.8 其他问题

示例 1： 在浏览器中输入"www.xxx.com"后发生了什么？

解答： 首先通过域名寻找 IP 地址，在此过程中依次经过了浏览器缓存、系统缓存、hosts 文件、路由器缓存、递归搜索根域名服务器；然后建立 TCP/IP 连接（三次握手），由浏览器发送一个 HTTP 请求，经过路由器转发，通过服务器的防火墙后 HTTP 请求到达服务器，服务器处理该 HTTP 请求；最后服务器返回一个 HTML 文件浏览器解析该 HTML 文件，并且显示在浏览器端。

示例 2： 影响网络传输的因素有哪些？

 此题不单单是考察网络协议的知识，也要结合实际项目经验进行回答。在回答此问题后面试官还有可能继续追问，你在项目实践中遇到这样的问题时是怎么解决的。

解答： 网络传输慢将导致数据进行传输时响应时间变长，甚至传输中断，不利于用户体验。影响网络的因素很多。如果在传输数据时响应时间变得很长，则可从以下几个方面进行排查：网络宽带不足；传输距离影响；网络硬件设备故障或连接处接触不良；机器中毒影响网速降低，通过升级杀毒软件、安装系统补丁等方法进行处理，同时关闭不必要的服务和端口；防火墙过多导致网速下降，卸载不必要的防火墙软件；系统资源不足，系统应用程序运行太多，消耗资源。可以通过优化系统后台运行的程序来提高网速。

示例 3： 两台笔记本连起来后 PING 不通，可能是哪些原因造成的？

解答：

- 网线问题。确认网线连接是否正确，计算机之间连的线和计算机与USB之间连的线分正线、反线，是不同的，使用千兆网卡的除外。千兆位网卡有自动识别功能，既可以是正线，也可以是反线。
- 局域网设置问题。计算机互连是需要设置的，确认是否安装了必要的网络协议，IP地址是否设置正确。互连的时候最好使一台计算机为主、一台计算机为副，并将主计算机设为网关。

- 网卡驱动未正确安装。
- 防火墙设置存在问题。
- 是否存在软件阻止ping包。

示例 4：你了解同步和异步吗？

 考察接口通信机制中对同步和异步原理的掌握。

解答：同步和异步是一种通信方式。同步是执行一个操作时，需要等待其处理完成后才进行下一个操作。异步是指执行一个操作时不需要等待返回就进行下一个操作，一般需要使用消息中间件。例如，在下单接口中，需要调用库存接口做库存判断，所以必须等待库存接口返回数据才能进行下一步操作，这就是同步。下单成功后需要调用邮件通知接口，不用等待接口返回成功就可以直接进行下一步操作，这就是异步。

13.6　编程语言

在 IT 圈，无论是开发、测试还是运维，甚至是 UI 设计都需要对编程语言有一定的掌握。学好编程语言，精通一门编程语言，在面试中会增强自信心。

13.6.1　语言基础

对于语言基础，面试官通常考察的是一些概念性问题。求职者只要对语言的一些基础内容理解了，并且使用自己的语言表达出来即可获得满分。

示例 1：结构化程序设计和面向对象程序设计各自的特点及优缺点是什么？

解答：结构化程序设计思想采用了模块分解与功能抽象和自顶向下、分而治之的方法，从而有效地将一个较复杂的程序系统设计任务分解成许多易于控制和处理的子程序，便于开发和维护。它的重点在于把功能分解，但是在实际开发过程中需求是经常发生变化的，因此它不能很好地适应需求变化的开发过程。结构化程序设计是面向过程的。

面向对象程序设计以需求当中的数据作为中心来进行，具有良好的代码重用性，具体表现在封装性、继承性、多态性以及动态联编上。

- 封装性：也叫数据隐藏，用户无须知道内部工作流程，只要知道接口和操作就可以了，C++ 中一般用类来实现封装。

- 继承性：一种支持重用的思想，在现有的类型派生出新的子类，例如新型电视机在原有型号的电视机上增加若干种功能而得到，新型电视机是原有电视机的派生，继承了原有电视机的属性，并增加了新的功能。
- 多态性：在一般类中定义的属性或行为，被特殊类继承之后，可以具有不同的数据类型或表现出不同的行为。
- 动态联编：一个计算机程序自身彼此关联的过程。按照联编所进行的阶段不同，可分为两种不同的联编方法：静态联编和动态联编。

示例 2：什么是值传递，什么是地址传递，两者的区别是什么？

解答：值传递指主调函数传递给被调函数的是值的拷贝，不是原值。地址传递指主调函数传递给被调函数的是值的地址。区别是值传递被调函数中的操作不改变主调函数的值，而地址传递则不同。

示例 3：Python 中列表和元组有什么区别？

解答：列表是动态的，长度可变，可以随意地增删改元素。列表的存储空间略大于元组，性能略逊于元组。元组是静态的，长度大小固定，不可以对元组元素进行增删改操作。元组对于列表更加轻量级，性能稍优。

示例 4：谈谈 Python 的内存管理和垃圾回收机制？

解答：Python 的内存管理机制有三种：引用计数、垃圾回收、内存池。

- 引用计数：引用计数是一种非常高效的内存管理手段，当一个Python对象被引用时其引用计数增加1，当其不再被引用时引用计数减1，当引用计数等于0的时候，对象就被删除了。
- 垃圾回收：引用计数、标记清除、分代回收。在循环引用对象的回收中，整个应用程序会被暂停，为了减少应用程序暂停的时间，Python通过"分代回收"以空间换时间的方法提高垃圾回收效率。
- 内存池：Python提供了对内存的垃圾收集机制，但是它将不用的内存放到内存池而不是返回给操作系统。

Python 中所有小于 256 个字节的对象都使用 pymalloc 实现的分配器，而大的对象则使用系统的 malloc。另外，Python 对象（如整数、浮点数和 List），都有其独立的私有内存池，对象间不共享内存池。也就是说，如果你分配又释放了大量的整数，用于缓存这些整数的内存就不能再分配给浮点数。

示例 5：引用和指针有什么区别？

解答：

- 指针指向一块内存，它的内容是所指内存的地址；引用则是某块内存的别名。
- 指针是一个实体，而引用仅是一个别名。
- 引用只能在定义时被初始化一次，之后不可变；指针可变；引用"从一而终"，指针可以"见异思迁"。
- 引用没有const，指针有const，const的指针不可变。具体指没有int& const a这种形式，而const int& a是有的，前者指引用本身即别名不可以改变，这是当然的，所以·不需要这种形式，后者指引用所指的值不可以改变。
- 引用不能为空，指针可以为空。
- "sizeof引用"得到的是所指向的变量(对象)的大小，而"sizeof指针"得到的是指针本身的大小。
- 指针和引用的自增(++)运算意义不一样。
- 引用是类型安全的，而指针不是(引用比指针多了类型检查)。

示例 6：Python 中的数据类型都有哪些？

解答：Python 中有 6 个标准的数据类型，即 Number（数字）、String（字符串）、List（列表）、Tuple（元组）、Set（集合）、Dictionary（字典）。其中，Number、String、Tuple 为不可变数据，List、Dictionary、Set 是可变数据。

13.6.2 编程算法

在面试中对于编程相关的问题，面试官通常会根据测试岗位、求职者应聘的职级不同而难易程度有所不同，初级职位可能只会考察简单的运算、基本逻辑语法。中高级职位可能会结合自动化测试、性能测试、项目中使用的语言进行相应的考察，例如求职者之前的项目，UI 自动化测试使用的是 Python + Selenium，则面试官会根据求职者的项目经历进行 Python 语言、Selenium 框架考验。接下来看一些比较常见的、典型的编程面试题。

示例 1：求 1+2+3+…+100。

大多数人的想法是使用 for 循环，结果如下。

```python
def sum1(n):
    sum = 0
    for i in range(n+1):
        sum += i
```

```
        return sum
print(sum1(100))
# 打印结果：5050
```

使用 for 循环是最简单的一种写法，可能在学习编程时就是这样写的，进入了一个固定的思维。但是这种写法是不是高效的？这样写只能证明求职者回答了该问题，不能突出自己是认真思考过后才作答的。如果同时面试有多个人，得分和其他人是相同的则获取不到任何优势，这时应该换一种思路，用一种高效的写法。

解答： 在数学中有一种叫作等差数列的算法。利用等差数列的写法如下：

```
def sum2(n):
    sum = (1 + n) * n / 2
    return sum

print(sum2(100))
# 打印结果：5050
```

这样的写法即使加到一万、一亿也能很好地处理，显然在运行上优于需要循环一万、一亿次相加才能得到结果的运算。

示例 2： 写一个冒泡排序的函数。

 冒泡排序（Bubble Sort）是最为简单的一种排序，通过重复走完数组的所有元素，以打擂台的方式两两比较，直到没有数可以交换的时候结束这个数，再到下个数，直到整个数组排好顺序。因为是一个个浮出，所以叫冒泡排序。在进行排序时，不仅是写出来，还要对特殊情况进行优化，比如输入的是一个有序序列，就不需要多次循环才得出结果。

解答：

```
def bubble_sort(arr):
    for i in range(len(arr)-1, 0, -1):
        count = 0
        for j in range(0, i):
            if arr[j] > arr[j + 1]:
                arr[j], arr[j + 1] = arr[j + 1], arr[j]
                count += 1
        if count == 0:
            return
arr = [13, 44, 54, 23, 9, 15, 93, 65]
```

```
bubble_sort(arr)
print(arr)
# 打印结果：[9, 13, 15, 23, 44, 54, 65, 93]
```

示例3：写一个二分查找的函数。

 二分查找是在有序表中取中间记录作为比较对象，若给定值与中间记录的关键码相等，则查找成功；若给定值小于中间记录的关键码，则在中间记录的左半边继续查找；若给定值大于中间记录的关键码，则在中间记录右半边区继续查找。不断重复上述过程，直到查找成功，或所查找的区域无记录，查找失败。

解答：

```python
def binary_search(arr, item):
    low = 0
    high = len(arr) - 1
    while low <= high:
        mid = (low + high) // 2
        # 元素小于中间位置的元素，在左半边继续查找
        if arr[mid] > item:
            high = mid - 1
        # 元素大于中间位置的元素，在右半边继续查找
        elif arr[mid] < item:
            low = mid + 1
        else:
            return mid
    # 未找到
    return -1

# 使用二分查找，序列必须是有序的
arr = [3, 11, 23, 34, 61, 75, 98]
item = 3

print(binary_search(arr, item))
# 打印结果：0
```

示例 4：写一段列表去重的代码，并且要保持原来的顺序。

 列表去重的方法很多，常见的使用 set()方法去重、使用字典 fromkeys()和 keys()
方法去重，但是这两种方法去重后会打乱原有的排序。使用 for 循环遍历，
但是这样的代码不够美观简洁。列表去重但要保持原来的排序，最好的方法
是使用 set()方法去重后再按照原有列表的索引进行排序。

解答：

```
org_arr = [3, 11, 3, 23, 34, 3, 34]

format_arr = list(set(org_arr))
format_arr.sort(key=org_arr.index)

print (format_arr)
# 打印结果：[3, 11, 23, 34]
```

示例 5：有一个列表，里面包含多个字符串元素，请对所有的元素进行查找，如果包含
"测试"则输出什么？

解答：

```
from typing import List

def ContainText(info: List[str]) -> List[str]:
    ContainText = []

    for i in info:
        if "测试" in i:
            ContainText.append(i)

    return ContainText
```

示例 6：什么是加密算法？

 数据加密的基本过程就是对原来为明文的文件或数据按某种算法进行处理，使
其成为不可读的一段代码为"密文"，使其只能在输入相应的密钥之后才能显
示出原容，通过这样的途径来达到保护数据不被非法人窃取、阅读的目的。如
果不是做安全类的测试，一般软件测试工程师是不会被问到此类问题的。

解答：常见的加密算法分为 3 类，即对称加密算法、非对称加密算法、Hash 算法。

● 对称加密指加密和解密使用相同密钥的加密算法，常见的有 DES、3DES、DEXS、
RC4、RC5、AES。

- 非对称加密常见的有RSA、DSA。
- Hash算法是一种单向算法，用户可以通过Hash算法对目标信息生成一段特定长度的唯一Hash值，但不能通过这个Hash值重新获得目标信息，常见的有MD2、MD4、MD5。

示例7：Python中的_xx、__xx、__xx__分别是什么意思？

 参考表13-5。

表13-5 _xx、__xx、__xx__说明

项　　目	作　　用	类内部使用	子类使用	作为 API 使用	说　　明
_xx	保护变量/方法	●	●	×	API 的非公有部分，不提供外部调用，但是能够被子类继承
__xx	私有变量/方法	●	×	×	私有成员，不提供外部调用，也不能被子类继承使用
__xx__	系统定义变量/方法	×	×	×	系统预先定义好的（通常业务程序中不需要调用到）

示例8：输入 a、b、c 三个数，请按照从大到小的顺序进行排序。

解答：

```
def ordre(a, b, c):
    if a < b:
        if a < c:
            if b < c:
                return [a, b, c]
            else:
                return [a, c, b]
        else:
            return [c, a, b]
    else:
        if a > c:
            if b < c:
                return [c, b, a]
            else:
                return [b, c, a]
        else:
            return [b, a, c]
```

13.6.3　设计模式

设计模式（Design Pattern）是一套被反复使用、多数人知晓、经过分类编目、代码设计经验的总结。在编写代码时使用设计模式可以使代码进行重用、更容易被人理解，并且可以保证可靠性。

示例 1：说说你知道的设计模式。

解答：设计模式分 3 类，即创建型模式、结构型模式和行为型模式。

创建型模式共有 5 种：工厂方法模式、抽象工厂模式、单例模式、建造者模式、原型模式。

结构型模式共有 7 种：适配器模式、装饰器模式、代理模式、外观模式、桥接模式、组合模式、享元模式。

行为型模式共有 11 种：策略模式、模板方法模式、观察者模式、迭代子模式、责任链模式、命令模式、备忘录模式、状态模式、访问者模式、中介者模式、解释器模式。

示例 2：说说开闭原则。

 在设计模式中，不仅需要知道开闭原则，还需要掌握里氏代换原则、依赖倒转原则、接口隔离原则、迪米特法则和合成复用原则。

解答：开闭原则的思想是尽量通过扩展软件实体来解决需求变化，而不是通过修改已有的代码来完成变化。一个软件产品在生命周期内都会发生变化，既然变化是一个既定的事实，就应该在设计的时候尽量适应这些变化，以提高项目的稳定性和灵活性。如果软件开发时遵守了开闭原则，则软件测试时只需要对扩展的代码进行测试就可以了，因为原有的测试代码仍然能够正常运行。

示例 3：单例模式的应用场景有哪些？

解答：单例模式应用的场景一般发现在以下两种条件下：

（1）资源共享的情况下，避免由于资源操作时导致的性能或损耗等，如日志文件、应用配置。

（2）控制资源的情况下，方便资源之间的互相通信，如线程池等。

示例 4：什么是工厂模式，工厂模式有什么好处？

解答：工厂模式提供了一种创建对象的最佳方式。在工厂模式中，我们在创建对象时不会对客户端暴露创建逻辑，并且是通过使用一个共同的接口来指向新创建的对象。实现了创建者和调用者分离，工厂模式分为简单工厂、工厂方法、抽象工厂模式。工厂模式是我们最常用的实例化对象模式，是用工厂方法代替 new 操作的一种模式。利用工厂模式可以降低程序的耦合性，为后期的维护修改提供了很大的便利，将选择实现类、创建对象统一管理和控制，从而将调用者跟我们的实现类解耦。

示例 5：请实现一种单例模式。

 单例模式保证了在程序的不同位置都可以且仅可以取到同一个对象实例。如果实例不存在则会创建一个实例，如果已存在则会返回这个实例。

解答：下面使用 Python 语言实现单例模式。

```
class Single(object):
    _instance = None
    def __new__(cls, *args, **kw):
        if cls._instance is None:
            cls._instance = object.__new__(cls, *args, **kw)
        return cls._instance
    def __init__(self):
        pass

single1 = Single()
single2 = Single()
print(id(single1) == id(single2))
# 打印结果：True
```

13.7 组织管理

经历过面试的人员都知道，在面试过程中面试官会有意或无意间问到上个公司项目的人员分配、组织架构、资源管理、团队建设等问题，如果是测试组长、测试经理或管理层还好理解，这本来就是自己工作的一部分。如果是没有任何管理经验的人员可能会产生疑惑，面试官聊这些内容不是浪费时间吗？根据实际情况回答就可以，并没有正确或错误的答案。面试官了解这些内容当然是有目的的：第一，可以了解面试者对项目内部事务的熟悉程度，面试者如果熟悉架构流程可以对各种资源协调、职责分工做到心中有数，提高工作效率；第二，可以根据面试者的回答与自己项目组做对比，优化团队，提高资源利用；第三，如果面试成功，可以对面试者有针对性地向管理层方向培养。例如，某小型团队没有测试人员，欲招聘一位有经验的测试人员，对项目组织架构的熟悉无疑会成为面试的加分项。

13.7.1 资源管理

项目在测试中的资源包括硬件资源、软件资源和人力资源。这些资源需求一般会在测试计划书中进行说明，当然目前国内许多互联网公司是没有测试计划书的，并不会明文说明。没有明文说明也不代表没有，常见的硬件资源有 PC 机、手机、服务器、路由器等。软件资源有操作系统、辅助测试工作的各种软件等。人力资源包括测试人员、其他辅助人员。通常来说，资源越饱和越能保障项目软件的测试质量，测试工作会更有力度，所以合理分配资源具有极大意义。

资源管理方面，多数面试官比较喜欢了解人力资源的分配。

示例 1：你们项目组有多少测试人员，测试人员与开发人员的比例是多少？

 根据项目的实际情况回答即可。根据 51testing 软件测试网发布的《2019 年·第十三届软件测试现状调查报告》中 2017—2019 年的公司测试团队规模数据显示，1~5 名人员的测试团队和 51 名以上人员的测试团队占比比较大，基本都在 30%左右。测开比没有公开数据统计，根据笔者所了解的小型团队基本维持在 1:X（X 介于 10~20 之间），也有更高的比；中大型团队测开比维持在 1:X（X 介于 3~8 之间）。

示例 2：项目组的测试工作是如何分工的？

 目前常见的测试分工有三种情况：流程化测试、按照功能模块分工、按照测试类型分工。流程化测试是有 A、B 两个需求，测试人员 1 测试需求 A，测试人员 2 测试需求 B，一轮测试完成后测试人员交换需求进行二轮测试；功能模块分工是每个测试人员都有对应的模块，也只负责自己模块的测试工作；测试类型分工根据不同的测试类型进行分工，例如人员 1 负责单元测试、人员 2 负责接口测试、人员 3 负责功能测试。三种分工各有优缺点，适合不同类型规模的产品。

解答：我所在的项目比较大，功能模块比较多，版本迭代比较频繁（三周一次），测试团队规模也比较大（共有 X 人）。先是按照测试类型进行分工，X1 人负责单元测试、X2 人负责 GUI 自动化测试、X3 人负责手动功能测试。我主要负责的是功能测试，而手动功能测试又按照模块进行划分，我负责 Y 模块的测试。在与其他测试人员交流时了解到单元测试和 GUI 自动化测试也是按照模块进行划分的，一个测试人员负责一个或多个模块，还有单独的测试人员负责公共部分。

示例3：如果由你来管理测试组，你将如何管理项目的测试人员？

一般情况下能提出此问题，要么是公司没有测试人员，准备组建测试团队，要么是欲提拔面试者来管理测试团队。

解答：在完成需求评审后，充分了解被测系统的功能模块和业务需求。然后了解测试组每个成员的基本情况，知道他们的测试技能、擅长方向以及对被测系统的了解，根据他们的擅长和被测系统进行匹配，做到测试任务的合理分配，使测试工作快速、稳定高效地进行。如果有新人就会先让老员工带领，可以上手的时候再让他独当一面。任务分配下去后，成员自行发挥，遇到解决不了的问题再帮助去解决。

示例4：对于团队成员，你如何考核技术人的KPI？

此问题一般是对有测试经验、有测试管理经验的人员提出的。如果只是面试一个初级测试工程师，此问题大概率不会涉及。

解答：考核技术人员的KPI可以从业务、技术和团队三个方面进行。业务是对系统功能的熟悉程度、测试工作量，也就是对系统的测试工作，比如测试用例的编写、测试执行的把控、BUG的提出等，对软件系统测试做出的贡献。技术包括代码能力、测试技术知识、技术难点的解决，比如在UI自动化中对某模块进行重构，减少复用性，提高UI自动化编写的效率。团队包括技术分享、内容总结分享，是个人在团队中的影响，以及对团队、项目组的贡献，比如指导其他测试人员进行API测试。

13.7.2 进度控制

为了提高项目的收益和准确把控项目的进度，确保项目的推进以及顺利验收，在测试过程中，测试负责人需要及时了解测试进度、精确估算测试进度、跟踪BUG进度等情况，贯穿整个项目。

示例1：如果一个功能模块十天后需要上线，你会如何安排测试工作？

从需求评审到功能上线总共十天时间，其间还要包含开发、环境搭建等时间，也就意味着时间紧、任务重，同时还要保证质量。针对此问题，可以分阶段回答，每个阶段的重点内容在哪里以及突发情况的应对，例如测试前阶段、测试中阶段、测试后阶段。也可以按照项目流程、时间顺序进行回答。无论从哪种顺序作答，都需要先整体把控，然后将工作分解详细作答。

解答： 首先我会依据以往的开发、测试工作情况，将自己的测试工作进行划分。第一阶段进行测试前准备工作（3D）。在此阶段，第一天明确需求要点、功能逻辑、分析需求对原有功能的影响；后两天提取测试点，然后使用测试方法设计测试用例，做好测试用例的等级划分。第二阶段用于功能测试（5D）。前四天根据测试用例执行测试，先从主要功能模块和优先级高的测试用例入手，重要功能点早测试、早发现问题、早解决。提交 BUG 时尽可能做到简单清晰，步骤明确，等级划分准确，减少开发难理解、难复现的情况，坚持等级高的 BUG 优先修复原则。最后一天进行回归测试，如果达到了上线的标准还有剩余时间则进行扩展测试，例如重要接口测试、扩大测试范围等。也可以利用剩余时间邀请其他人员进行 BUGBash。第三阶段进行测试后工作（1D），根据测试结果出具测试报告，邮件通知相关人员。在整个过程中会预留一天时间以防开发提交代码时间推后，或应对其他突发事件。在每一个阶段都做好随时沟通的准备，如果有资源借用、他人辅助等情况会在第一阶段与相关人员沟通，提前准备。

示例 2： 你是如何制订测试过程中的时间进度表的？

解答： 根据项目的需求、开发周期、开发人员的开发进度等时间安排来制订一个测试时间进度初稿，并将测试时间进度表与整个项目团队成员一起讨论和分析，最终和所有人达成共识，制订出一个大家都可以执行的时间进度表。

13.7.3 组织架构

一个公司软件测试的组织架构会决定测试人员的工作模式以及晋升或提高方向。采用不同的测试组织，测试人员在与项目各职能人员之间的交流是不同的，但是对于公司来说目的都是相同的，那就是提高工作效率、减少成本。所以，在找工作时尽可能明确面试公司的测试组织组成，适合的组织架构能够将个人能力、发展得到充分体现。

示例： 你们公司软件测试的组织架构是什么样的？

 从小型公司到大型公司，测试人员所在的项目公司一般有三种组织架构，项目型测试组织、职能型测试组织以及综合型测试组织。

项目型测试组织是指测试人员跟着项目走，是项目组中固定的人员，一个项目有属于自己的测试人员，如图 13-5 所示。

职能型测试组织指测试人员属于一个固定的测试部门，在项目研发中测试人员参与其中，不属于项目组，项目进行测试时由测试部门委派人员进行，如图 13-6 所示。

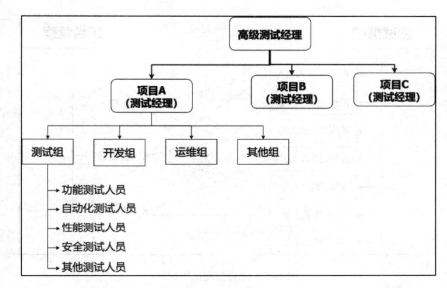

图 13-5 项目型测试组织图

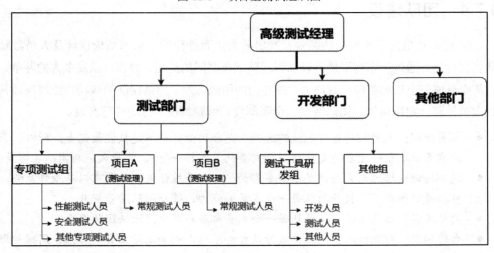

图 13-6 职能型测试组织图

综合型测试组织是项目型和职能型结合起来并进行改造而形成的一种组织架构。测试部门将测试人员进行分类，包括功能测试人员、自动化测试人员、性能测试人员、安全测试人员等。功能测试人员、自动化测试人员可以长期委托到项目组，而性能测试人员、安全测试人员只有当项目组需要时才进行委派。部分公司可能没有专职的安全测试人员，此时会委托第三方进行，如图 13-7 所示。

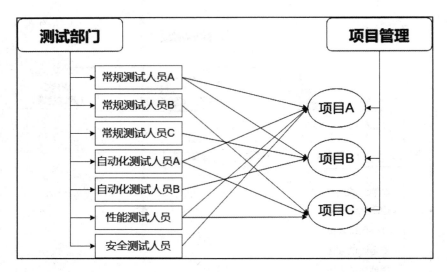

图 13-7　综合型测试组织图

13.7.4　团队建设

团队建设是指为了实现团队绩效及产出最大化而进行的一系列结构设计及人员激励等团队优化行为。通过一系列举措可以加强团队成员之间的沟通、协作，激发个人的斗争、奋进，从而形成一个目标明确且有活力、战斗力的团队。为了测试团队的成功，管理层通常会通过人员招聘、定期培训、团队活动、台账制度、激励制度等方面进行开展。

- 人员招聘：人员招聘时可能最终选择的是合适者，而不是技能最优者。所以，面试者在面试之前一定要清楚应聘岗位需要的是怎样一个人，能长久地与团队共同成长。
- 定期培训：培训内容应该是丰富多彩的，可以是技能提升，也可以是项目业务，还可以是经验分享。提升团队每一个成员的能力，带动团队质量提升。
- 团队活动：团队活动中尽量让每一个成员都参与其中，活跃团队氛围。
- 台账制度：对测试人员的工作进行监督和跟踪，例如以站立会、日报、周报等形式开展。
- 激励制度：通常来说都是物质上的奖励。对一周或一个月内表现突出的人员进行奖励，保持团队工作热情。

示例：你们公司有培训或分享会吗？谁来主讲？你认为举办这样的分享会有必要吗？

公司培训肯定是有的，只不过有多少之别。不管哪个公司都有自己的文化氛围，入职时有新员工培训，工作中有项目培训、工作技巧培训、技能提升培训等。在回答主讲人时一定要将自己带进去，让面试官感受到自己是一个乐于分享的人。在回答分享会有没有必要进行时，答案是肯定要进行的，在进行时合理安排时间，不与工作冲突，能分享的内容肯定都是主讲人精心制作的，有一定的价值，一个优秀的测试人员肯定是乐于进取、善于学习的。

解答：公司有培训也有分享会。培训一年 1～3 次，有两种方式：一种是由有经验的老员工以培训项目开展，例如自动化测试该怎么进行；一种是公司购买相关的视频教程，测试人员自学，然后将其所学进行分享。分享会经常举行，平均三周能有一次，主要分享工作总结、项目经验技巧、读书分享等，分享会的主讲人由测试经理推荐人主持或自己自主分享，我也经常进行分享，前两周就分享了《如何快速定位 BUG》。像这样的分享会我认为应该多举行，如果项目在紧要关头或工作满负荷时可以暂停分享，一旦版本上线有空余时间还是要鼓励分享的，例如我们测试团队的分享会大都在上个版本结束下个版本还未开始之间举行。通过分享可以使成员成功更快、加强成员之间的交流、充实知识点、获得新技能。

13.7.5　日常管理

日常管理是从个人层面上采取的一些用于提升个人能力、有益项目施展和团队凝聚的措施，例如每日工作的汇报、年度工作总结、学习计划等。成员之间互相监督，互相交流学习，体现个人价值。

示例 1：平时工作是怎么汇报的？

解答：我们的工作汇报分两种形式进行：站立会和周报。每天早上开一次站立会，对上一个工作日的工作进行总结和当日工作计划，主要内容是做了哪些工作、遇到了什么问题、是怎么解决的、对某些业务的测试有什么比较好的建议、今日准备做什么、可能会遇到什么情况、需要什么准备等。每周进行周工作总结，并以报告的形式提交。每个年度进行年度总结，对自己工作的内容进行评价，制订下个年度的目标计划。当然也有特殊情况，例如 2020 年春天，疫情期间我们是在家办公的，站立会就改为了在线视频会议。

示例 2：你平时是怎么提升自己的？

 提升自己分两部分作答：工作时间在工作中学习一些有利于提高工作效率或可以提升项目质量的内容；工作时间外用于研习自己感兴趣的内容。

解答：平时在工作中我主要针对项目测试工作提升自己，完善项目测试工作，主要有 4 点：向测试前辈学习测试知识，例如测试用例的设计思路、问题定位的方法；向开发请教项目知识，例如某个接口是怎么定义的、数据库表的关联；向其他人员学习，例如与人交流注意事项；自身摸索，例如个人成长、深入掌握测试理论。下班后主要是看一些喜欢的书和学习其他测试知识。我最喜欢读的是人物传记类书，例如前两天刚读完《乔布斯传》。测试知识主要是看视频、浏览技术博客网站等。我近期的目标是三个月掌握 Jmeter 工具，现在正在Bilibili 看 Jmeter 视频教程，已经学了一半。比较喜欢浏览的技术博客有 CSDN、博客园、SegmentFault、掘金等，学习新技术，有时候遇到问题也会在这些网站找到答案。

13.8 工具管理

为了项目在研发过程中更顺畅地进行，管理者都会选择一款或多款适合项目发展的管理工具，用于进度把控、提高工作效率。对于领导，可通过工具查看项目进度、每个成员的任务清单等；对于成员，可查看自己的具体工作、任务量等，对于团队，可了解项目迭代进度、问题追踪、任务承接人员、版本记录等。测试人员也需要对一些工具有所掌握，例如版本管理工具 GIT、测试用例管理工具 TestLink、缺陷管理工具 JIRA、抓包工具 Fiddler、团队协作工具石墨、接口测试工具 Postman 等。

善于利用工具有利于提高工作效率，但是对工具依赖太高则会束缚自己、削弱深入学习的积极性。任何工具都只是辅助，重要的还是思想、解决问题的思路。所以，在面试时有关工具操作类的问题，面试官都不会深入了解，但是会通过面试者的表达描述而体会解决问题的思路。

13.8.1 版本控制工具

版本控制是一种技术，它能帮助我们记录一个文件从诞生到定案的过程中发生的变化，便于将来查阅特定版本的修订情况。版本控制工具用于存储、追踪目录（文件夹）和文件的修改历史，是软件开发者的必备工具，是软件公司的基础设施。使用版本控制工具可以对数据进行备份、对版本进行管理、提高代码质量、提高协同、明确分工等。如今市场上有很多版本控制管理工具，比较受用的是 SVN 和 GIT 工具。

示例：你在工作中都用过哪些版本控制工具？

解答：主要用过 SVN 和 GIT 工具。SVN 是一个开放源代码的版本控制系统，通过采用分支管理系统的高效管理，用于多个人共同开发同一个项目，实现共享资源，实现最终集中式的管理。在服务器配置好后，客户端只需要进行同步提交就可以了，使用方便且对提交修改的权限做了分配，有利于服务器文件的安全管理。GIT 是一个开源的分布式版本控制系统，比较灵活，将服务器版本克隆到本地，然后在本地进行操作提交，完成一个版本的完整控制，用于敏捷高效地处理任何或小或大的项目。

13.8.2　用例管理工具

做好测试工作的前提是写好测试用例，管理好测试用例则需要一款比较易上手、易操作的管理工具。通过测试用例管理工具可以组织和管理用例库、多人协同工作、用例分配、标记测试结果、报表统计等。测试人员在执行测试时通过工具变更用例状态、记录结果等来完成测试计划，如果测试不通过或阻塞，可提交缺陷至关联的工作项和迭代，进行缺陷的追踪。目前比较常见的测试用例管理工具有 QC、禅道、Mantis、JIRA、TestLink 和 BUGzilla 等。

示例：你以往所从事的软件测试工作中，是否使用了一些工具来进行测试用例的管理？

解答：测试用例管理工具很多，例如 TestManager、TestLink、Excel、QC 等。在上个项目中为了和其他工具进行配合，测试用例是在 wiki 上进行管理的，是一个 Web 界面，编写起来也比较方便，支持图片展示、附件上传等。可以对测试用例的版本进行控制、版本比较。如果对测试用例有疑惑或更好的设计方法可以添加注释或下方评论。除此之外，还可以对测试用例打标签。它并不是一个专业的测试用例管理系统，也存在诸多缺点，例如用例统计不方便、每个版本执行情况不能很好地跟踪、用例模板没有统一定制等。

13.8.3　缺陷管理工具

缺陷管理贯穿于整个软件开发生命周期中，是不可缺少的环节，需要得到足够的重视，特别是在多个人合作的项目中。使用缺陷管理工具可以方便测试人员创建缺陷报告、管理缺陷、与开发进行协作、随时掌握缺陷状态和修复进度等。目前市场上也有许多缺陷管理工具，例如 JIRA、禅道、Mantis、TestLink、BUGOnline 等，不同的管理工具有不同的优缺点，每个公司根据项目的需要，通过各个工具的特点选择适合自己项目的工具。总之，选择适合项目的工具可以加快测试进度，避免缺陷管理混乱、提高测试质量。

示例：你使用过哪些缺陷管理工具，使用缺陷管理工具怎么跟踪缺陷？

解答：常见的缺陷管理工具有 JIRA、BUGzilla、禅道、BUGtags、Mantis、TestLink、BUGOnline。我最熟悉的工具是 BUGzilla，因为它开源免费。在 BUGzilla 中一个 BUG 的基本流程是，当测试人员发现了 BUG 后，在 BUGzilla 工具中创建缺陷报告并提交，此时状态是 New；测试经理或开发经理确认 BUG 并分配给指定人，此时状态为 Assigned，如果确认不是 BUG 则视为无效（Invalid）并返回测试人员关闭 BUG；当开发人员修复 BUG 后，此时状态是已修改的（Fixed），如果无法修改则标记状态为 Wontfix，如果以后版本解决则状态为 Later，如果无法重现则标记状态为 Worksforme；在回归测试中如果发现问题依然存在则重新打开，如果已经修复则关闭 BUG，此时状态为 Closed。

13.8.4 抓包工具

抓包就是将网络传输发送与接收的数据包进行截获、重发、编辑、转存等操作。测试工程师通过抓包验证发送的消息和服务器返回的消息是否正确。有时候当系统出现 BUG 时，通过抓包来确认可能引起 BUG 的原因，这些数据抓包就需要用到抓包工具。常用的抓包工具有 Fiddler、Charles、Wireshark，如果是在浏览器中操作也可以在开发者工具下获取数据。

示例：你在工作中都用过哪些抓包工具，谈谈你最熟悉的工具的工作原理。

解答：常见的抓包工具有 Fiddler、Charles、Wireshark、QPA、Microsoft Network Monitor 等。我在测试工作中使用最多的是 Fiddler，它是用 C# 编写的，包含一个简单却功能强大的基于 JScript .NET 事件的脚本子系统，灵活性非常高，也支持众多的 HTTP 调试任务。Fiddler 工作在 OSI 七层模型的应用层，可以捕获到通过的 HTTP(s) 请求，充当一个在客户端和服务器端之间代理服务器的角色。启动 Fiddler 后并设置了相应的代理，将会对通过代理服务器的网络请求数据进行记录。数据传递流程如图 13-8 所示，在客户端发送请求后，Fiddler 会将数据包进行拦截，然后将自己伪装成客户端发送数据包给服务器端。在服务器端返回数据后，继续拦截返回的数据，然后通过自己将数据返回给客户端。

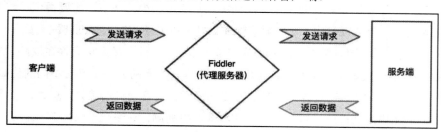

图 13-8　Fiddler 抓包原理

13.8.5 其他工具

面试官除了了解候选人对某一方面或某一个具体工具的熟悉程度之外，还会对工具在项目中的作用或地位进行了解。面试人员既要知道使用工具，也要知道为什么使用工具、使用工具有什么作用、能给项目带来哪些益处。

示例：测试工具在整个测试工作中的地位是什么？

解答：测试工具的应用可以提高测试效率、有效管理测试项目和协同成员之间的工作，但是测试工具在测试工作中起到的是辅助作用，不会直接进行任何测试。例如，使用自动化测试工具可以弥补手工测试的一些不足，快速进行测试用例的执行，减轻一定的手动测试工作量。一般而言，通过测试工具对测试需求、测试计划、测试用例、测试实施进行管理，并且测试管理工具还包括对缺陷的跟踪管理，能使测试人员、开发人员或其他的 IT 人员通过一个中央数据仓库在不同地方进行信息交互。

第 14 章

功 能 测 试

功能测试也称为黑盒测试，其目的是根据产品的需求规格说明书和测试需求列表验证产品的功能实现是否符合产品的需求规格，是测试人员进入行业的基本工作。通常所说的功能测试就是手工点点点，它是系统测试过程中最基本的测试，不关注软件内部的实现逻辑，只是通过测试用例逐项验证产品是否满足用户要求。功能测试根据被测产品运行的环境不同，可以将测试产品分为 Web 端测试、手机端测试、Windows 环境测试、Mac 环境测试等。本章主要以 Web 端和 App 端产品进行测试面试问题解答。

14.1　Web 端测试

对于通过浏览器来访问的产品进行测试称为 Web 端测试。该类产品是一种 B/C 架构产品，当服务器端和 Web 端更新之后，通过刷新页面就可以同步更新产品版本，所以用户访问的始终是最新版本。Web 端产品测试主要包括的类型有内容测试、界面测试、功能测试、性能测试、兼容性测试和安全性测试等。

14.1.1　兼容性测试

兼容性测试就是验证程序在特定的运行环境中与特定的软件、硬件或数据相组合是否能正常运行、有无异常的测试过程，可分为浏览器兼容性测试、操作系统兼容性测试、多版本兼容性测试、数据兼容性测试及分辨率兼容性测试。对于 Web 端产品，功能测试主要是检查浏览器兼容性。通常测试的浏览器有 5 个，即 IE、火狐、谷歌、Safari 和 Opera。

示例 1：什么是兼容性测试？请说说你们的项目是怎么进行兼容性测试的。

解答：软件的兼容性测试指的是某个软件可以在不同的硬件、操作系统、第三方程序等环境中稳定地工作，可以分为三大类：硬件兼容性、软件兼容性、数据兼容性。硬件兼容主要是程序与整机、外设兼容；软件兼容主要有操作系统兼容、应用软件之间的兼容、浏览器兼容、数据库兼容；数据兼容主要是版本间兼容等。

我们的项目是 B/S 架构，主要测试主流浏览器和常用操作系统的兼容性，根据用户的使用情况以 Windows 和 Mac 操作系统为主：Mac 操作系统中以 Safari 浏览器为主；Windows 操作系统中以 Chrome、IE 为主，也会在 Edge、FireFox 上进行测试。如果发现是因为兼容性引发的问题，那么会将此问题标记为兼容性类型的问题，在问题单中也会详细记录操作系统和浏览器的型号、版本以及准确定位问题产生的原因。由于项目不是很大，每次的需求量在每个测试人员的工作量之内，因此我们两个测试人员分别在 Windows 和 Mac 系统中使用主要的浏览器进行测试，辅助性进行非主要浏览器的测试。

示例 2：配置测试和兼容性测试的区别是什么？

解答：配置测试的目的是保证软件在相关的硬件上能够正常运行，兼容性测试主要是测试软件能否与不同的软件正确协作。

配置测试的核心内容就是使用各种硬件来测试软件的运行情况，一般包括：

- 软件在不同的主机上的运行情况，例如Dell和Apple。
- 软件在不同的组件上的运行情况，例如开发的拨号程序要测试在不同厂商生产的Modem上的运行情况。
- 不同的外设。
- 不同的接口。
- 不同的可选项，例如不同的内存大小。

兼容性测试的核心内容：

- 测试软件是否能在不同的操作系统平台上兼容。
- 测试软件是否能在同一操作系统平台的不同版本上兼容。
- 软件本身能否向前或者向后兼容。
- 测试软件能否与其他相关的软件兼容。
- 数据兼容性测试，主要是指数据能否共享。

配置和兼容性测试通常对开发系统类软件比较重要，例如驱动程序、操作系统、数据库管理系统等，具体进行时仍然按照测试用例来执行。

14.1.2 确定模块测试

在软件测试的面试中，特别是初级测试工程师，经常会遇到面试官提问，诸如给你某一物件或某一个程序功能该怎么测的类似问题。例如，给你一个杯子，该怎么测？有一个登录界面，该从哪几方面进行测试。

示例：有一个登录界面，有用户名、密码两个输入框和一个登录按钮，你打算如何测试？

面试官主要从两方面考察求职者：一方面根据面试者的回答判断其思路是否清晰，思考问题时是否有依据有逻辑；另一方面考察面试者的测试基本功，提取有效的测试项、设计优秀的测试用例对于产品的测试来说非常重要。回答此问题时首先要将大问题分解成小问题，比如根据质量模型将登录界面划分为功能、性能、安全、兼容性、UI 样式、易用性、接口测试、代码测试、异常测试等几个方面，然后根据不同的划分进行展示说明，优先级比较高的重点、详细说明，优先级比较低的概要说明。

解答：如果要测试一个登录界面，可以从功能、性能、安全、兼容性、UI 样式、易用性、接口、代码、异常猜测等几个方面进行测试。

（1）功能测试

功能测试要满足登录的基本功能（无论哪种测试，进行的第一步测试肯定是功能测试），主要测试项有：

- 用户名、密码正确，单击"登录"按钮，登录成功（不管测什么，首先应该测试正常的流程，这也是优先级最高的用例）。
- 用户名为空、密码正确，单击"登录"按钮，有合理的提示信息。
- 用户名为特殊符号（空格、*#、...、&等能想到的都输入进去）、正确的密码，单击"登录"按钮，有合理的提示信息。
- 用户名正确、密码为空，单击"登录"按钮，有合理的提示。
- 用户名正确、密码错误，单击"登录"按钮，有合理的提示。
- 用户名的长度限制测试（如果长度小于等于12个字符，则输入12、13个字符测试）。
- 密码的长度限制测试（如果长度小于等于12个字符，则输入12、13个字符测试）。
- 密码要掩码显示。

- 在用户名处先输入空格再输入正确的用户名，接着输入正确的密码，单击"登录"按钮，验证系统是否会自动去掉空格，成功登录。
- 用户名和密码处输入内容后退出系统，再次进入登录页面，输入框是否清空。
- 如果是浏览器页面登录，验证浏览器刷新后用户名和密码处输入的内容是否被清空。

（2）性能测试

性能测试是系统承载量的一个测试，是对系统登录界面并发量的一个测量。首先要知道系统正常运行时大概会有多少人用，登录功能使用最多的时间段（例如上班时间）。繁忙时段多少人用（比如做一个活动，很多人来用）。了解到使用的场景后根据预测量测试。

- 不同网速下，打开登录页面需要多长时间。
- 登录成功进入系统需要多长时间。

（3）安全性测试

- 登录多次后，会不会提示登录次数上限。
- 登录次数上限后，在限制的时间内登录，在解除限制时间后登录。
- 输入框是否有对SQL注入做处理。
- 用户登录后通过抓包工具查看密码是否做加密处理。
- 登录成功后生成的Cookie是否为httponly。
- 输入框是否对脚本的输入做了处理（XSS攻击）。
- 在同一台计算机上是否允许对同一个用户登录两次。
- 在不同的计算机上是否允许同一个用户登录，第二台计算机登录后第一台计算机上的用户会不会被挤掉。

（4）兼容性测试

- 如果是浏览器登录，考虑苹果、火狐、IE、谷歌浏览器上的兼容。
- 手机上登录考虑手机版本、系统、手机型号等。

（5）UI 样式测试

- 登录模块的位置、大小、占全局的比例。
- 图片的大小、尺寸、分辨率、占全局的比例。
- 两个输入框的大小、位置、对齐方式。
- 提示信息文字的大小、颜色。
- 两个按钮的大小、样式、对齐方式、与输入框的间距。
- 在输入框中输入内容时光标的位置、大小。
- 浏览器大小调节，样式是否会错乱。

（6）易用性

- Tab快捷键是否可以切换。
- Enter快捷键是否会直接触发登录。
- 键盘其他的快捷键操作（复制、粘贴、撤退等）。

（7）接口测试

主要针对登录接口进行测试。

（8）代码测试

主要针对登录模块代码进行测试，一般是开发人员自测或做单元测试。

（9）异常测试

- 构造本机CPU、硬盘等占用率达到80%、90%以上进行登录。
- 构造服务器CPU、硬盘等占用率达到80%、90%以上进行登录。
- 构造网络异常测试，在2G、4G、断网等情况下进行登录。
- 在登录的过程中停电，下次打开后是否会记录登录数据。

14.1.3 缓存

浏览器缓存是为了节约网络的资源加速浏览。在完成第一次资源请求后，浏览器会根据相应的缓存机制将一些静态资源存储在本地磁盘中，当再次发送请时会直接从本地缓存中读取文件，不需要再次发送请求，从而加快页面响应速度、减少带宽消耗、减轻服务器压力、加速页面的阅览。在 Web 端进行测试工作时，缓存机制就必须有所了解。

示例：谈谈你对浏览器缓存的理解。

解答：浏览器缓存是浏览器将用户请求过的静态资源存储到计算机本地磁盘中，当浏览器再次访问时可以直接从本地加载，不需要再次向服务器端发送请求。利用缓存可以减少冗余的数据传输，减少网络延迟，同时减轻服务器压力提升网站性能，加快客户端网页的加载速度。在 Chrome 浏览器的开发者工具下的 network 面板中，如果某条数据大小显示为 memory cache 或 disk cache 则表示浏览器并没有向服务器发送请求，而是直接读取本地的缓存资源文件。memory cache 是内存缓存，不受 max-age、no-cache 等配置的影响，即使不设置缓存，当前内存空间比较充裕的话，一些资源也是会被缓存下来的。但是内存缓存是暂时的，在浏览器关闭后用于缓存的内存空间会被释放掉。disk cache 是存储在硬盘中的缓存，具有长时效。根据 HTTP Header 中设置的字段类型来判断资源是否需要重新请求，如果当前内存使用率高，请求资源大概率会被缓存到 disk cache。当然，并不是所有的请求都能被缓存，还有一些是不能被浏览器缓存的请求。例如，HTTP 信息头中明确包含 Cache-Control:no-cache、pragma:no-cache（HTTP1.0）或 Cache-Control:max-age=0 等信息不用缓存的请求、需要根据 Cookie 和认证信息等决定输入内容的动态请求、POST 请求、HTTP 响应头中既不包含 Last-Modified/Etag 也不包含 Cache-Control/Expires 的请求。

14.2 App 端测试

App 端测试是对应用在手机上的软件或服务进行测试。手机本身具有许多异于 PC 上的功能，不同的 App 程序也有各自的业务，以及与不同品牌、型号手机的交互方式，因此 App 程序在测试过程中就需要特别关注稳定性、安全性、兼容性、版本升级、流量测试、交叉事件等测试。

14.2.1 了解 App 的基础知识

在对 App 进行测试时，首先需要了解相关的基础知识，例如 Activity。只有了解了相关的基础知识，才能在测试 App 时做到心中有数。

示例 1：什么是 Activity？

解答：Activity 是 Android 组件中最基本最为常见的四大组件之一，是一个应用程序组件，提供一个屏幕，可以用来交互、完成某项任务。在一个 Android 应用中，一个 Activity 通常就是一个单独的屏幕，它上面既可以显示一些控件也可以对监听并处理用户的事件做出响应。Activity 之间通过 Intent 进行通信。

示例 2：简述 Activity 的生命周期。

解答：生命周期即活动从开始到结束所经历的各个状态。从一个状态到另一个状态的转变，从无到有再到无，这样一个过程中所经历的状态就叫作生命周期。在 Android 中，Activity 拥有 4 种基本状态：

- Active/Running：一个新 Activity 启动入栈后，它显示在屏幕最前端，处于栈的最顶端，此时它处于可见并可和用户交互的激活状态。
- Paused：Activity 失去焦点时，被一个新的非全屏的 Activity 或者一个透明的 Activity 放置在栈顶，此时的状态叫作暂停状态。此时 Activity 依然保持所有的状态、成员信息，和窗口管理器保持连接，但是在系统内存极端低下的时候将被强行终止掉。

- Stopped：一个Activity被其他Activity完全覆盖掉，叫作停止状态。它依然保持所有状态和成员信息，但是不再可见。当系统内存需要被用在其他地方时，Stopped的Activity将被强行终止掉。
- Killed：如果一个Activity是Paused或者Stopped状态，系统可以将该Activity从内存中删除，Android系统采用两种方式进行删除，要么要求该Activity结束，要么直接终止它的进程。

当一个 Activity 实例被创建、销毁或者启动另外一个 Activity 时，它在这 4 种状态之间进行转换，这种转换的发生依赖于用户程序的动作。

示例 3：简述 Android 的四大组件。

解答：Android 四大基本组件有 Activity、BroadcastReceiver、ContentProvider、Service。

- Activity：应用程序中一个Activity就相当于手机屏幕，是一种可以包含用户界面的组件，主要用于和用户进行交互。一个应用程序可以包含许多活动，比如事件的点击，一般都会触发一个新的 Activity。
- BroadcastReceiver：广播接收器，应用可以使用它对外部事件进行过滤，只对感兴趣的外部事件进行接收并作出响应。它们可以启动一个Activity或Service来响应它们收到的信息，或者用NotificationManager来通知用户。通知可以用很多种方式来吸引用户的注意力，例如闪动背灯、震动、播放声音等。一般来说是在状态栏上放一个持久的图标，用户可以打开它并获取消息。
- ContentProvider：内容提供者，主要用于在不同应用程序之间实现数据共享的功能。它提供了一套完整的机制，允许一个程序访问另一个程序中的数据，同时还能保证被访问数据的安全性。只有需要在多个应用程序间共享数据时才需要内容提供者。例如，通讯录数据被多个应用程序使用，且必须存储在一个内容提供者中。
- Service：服务，是Android中实现程序后台运行的解决方案，非常适合去执行那些不需要和用户交互而且还要长期运行的任务。一个Service组件被运行起来之后，它将拥有自己独立的生命周期，Service组件通常用于为其他组件提供后台服务或监控其他组件的运行状态。

14.2.2　稳定性测试

移动端稳定性测试通常是指对程序的异常性测试，即发生异常情况时应用程序是如何反应的，例如 App 运行过程中被来电、短信、低电量等打扰的情况以及断网、断电、服务器异常等情况。

示例 1：如果 App 出现 crash，你会怎么处理，可能是由哪些原因引起的？

解答：如果 crash 是可以稳定复现的，根据操作步骤进行多次操作，查找问题出现的根本原因，然后提交问题单。如果 crash 是偶现，则需要通过日志查找产生 crash 的原因，或者进行多次尝试，尽可能让问题复现。

一般 crash 是由内存管理错误、程序逻辑错误以及设备兼容、网络因素等引发的。内存管理错误是指可用内存过低，而 App 所需的内存超过设备的限制，或者是内存泄露；程序逻辑错误包括数组越界、堆栈溢出、并发操作和逻辑错误；设备兼容是指设备多样性使得 App 在不同的设备上有不同的表现；网络因素是指网速无法达到 App 所需的快速响应时间。

示例 2：测试时如果遇到手机无响应，那么可能是由哪些原因引起的？

解答：

通常会由以下原因引起的：

- 手机内存不足。
- 在Android系统中，也可能是进程之间死锁引起的。
- 手机的CPU运行高。此时可以查看手机的崩溃日志。

示例 3：测试时遇到手机应用停止运行，可能是由哪些原因引起的？

解答：在手机软件测试过程中会经常遇到应用停止运行的现象，可能引起的原因如下：

- 存在空指针。
- 手机中某个程序调用此应用，但是手机上没有此应用，资源不存在。
- 应用程序App缓存和数据过多，导致强制退出。
- 该应用程序和当前系统存在冲突。
- 代码中某个方法未实现、异常数据未处理。

14.2.3 兼容性测试

App 兼容测试即移动端兼容性测试，主要目的是保障 App 在不同移动端制造商、不同系统及版本、不同网络制式、不同屏幕分辨率等情况下都能够友好地为用户服务，提供优质的体验。

示例 1：Android 系统和 iOS 系统有什么区别？

解答：Android 系统和 iOS 系统都是移动端的操作系统，主要有以下几种不同。

- 运行机制：iOS采用的是沙盒运行机制，Android采用的是虚拟机运行机制。

- 渲染机制：Android是主线程普通优先级，加载一个页面，全部加载完成的同时加载当前页面，当你看到页面后，实际后台仍在加载，因此增加了处理器的压力；iOS是实时优先级，加载一个页面时，优先加载主屏幕显示区域。
- 后台机制：iOS中任何第三方程序都不能在后台运行；Android中任何程序都能在后台运行，直到没有内存才会关闭。
- 最高权限：iOS中UI指令权限最高；Android中数据处理指令权限最高。

知 识 点 扩 充

沙盒机制：应用程序位于文件系统的严格限制部分，程序不能直接访问其他应用程序。以杀毒软件中的沙盒技术解释一下。沙盒技术是发现可疑行为后让程序继续运行，当发现的确是病毒时才会终止。沙盒技术的实践运用流程是，让疑似病毒文件的可疑行为在虚拟的"沙盒"里充分表演，"沙盒"会记下它的每一个动作；当疑似病毒充分暴露了其病毒属性后，"沙盒"就会执行"回滚"机制；将病毒的痕迹和动作抹去，恢复系统到正常状态。

虚拟机机制：Android 本身不是为触摸屏打造的，所以所有的应用都是运行在一个虚拟的环境中，由底层传输数据到虚拟机中，再由虚拟机传递给用户 UI，任何程序都可以轻松访问其他程序文件。

14.2.4　版本升级

在 App 测试中有一个至关重要的测试点，就是 App 的安装、卸载和更新。在版本更新中要考虑强制更新和非强制更新。

示例：你们做的 App 多久进行一次版本更新，版本更新时你会关注哪些测试点？

解答：我们的 App 是一款电商产品，根据产品计划，一两个月会进行一次更新升级，其间偶尔会有一些紧急问题、对应也会进行版本更新。在版本更新中需要关注以下测试点。

- 下载渠道：官网/Appstore/第三方商店。
- 网络的影响：2G/3G/4G/5G/Wifi情况下的提示信息，以及更新表现。
- 升级中断：在下载或升级过程中人为制造下载暂停/重新下载，升级安装中制造关机/电量不足等特殊情况。
- 存储空间：构造存储空间不足的情况下进行下载更新。
- 应用权限：新版本中有权限扩张，在升级过程中的权限获取。
- 兼容性：不同品牌、型号的移动设备进行升级安装。
- 版本覆盖：新版本会覆盖旧版本。

- 卸载更新：卸载后再次安装的版本。
- 强制更新：未更新的情况下重启需要提示更新。
- 非强制更新：用户可以选择是否更新，取消更新后旧版本可正常使用。
- 旧版本中提示：当App有新版本时，需要提示更新信息。
- 数据保存：旧版本中的数据会保存到新版本中。

14.2.5　流量测试

流量测试是对产品在不同的运营商、不同的网络类型 2G/3G/4G/5G/Wifi 下进行测试，保障产品不会发生大资源请求失败、响应时间缓慢、调用失败等情况。

示例 1：你认为 App 有必要做流量测试吗？做流量测试能带来什么益处？

解答：流量测试对于 App 来说非常有必要做，因为流量涉及用户的利益，所以必须得到重视。通过流量测试可以清楚地掌握特定场景下用户使用产品需要多少流量来支撑。通过流量数据的分析也可以指导开发人员对产品进行优化、对资源配置进行调整，进而带来速度优化，提升产品质量。

示例 2：如何测试一个 App 的耗电量？

解答：测试 App 的耗电量通常有两种方法：横向对比法和纵向对比法。横向对比法分两步测试：第一步测量手机硬件运行消耗的电量；第二步测试手机硬件和软件运行综合的耗电量。最后将两次的耗电量进行对比，得出软件消耗的电量大小。纵向对比法是同时打开两部手机，其中一部手机不运行软件，另一部手机运行软件；分别获得两部手机的耗电量，对比两部手机耗电量的差异，得出软件消耗的电量大小。除此之外，还可以借助一些小工具（比如说鲁大师）进行，然后看一下手机电池的容量。

14.2.6　交叉测试

交叉测试又叫冲突测试，是指一个程序在执行过程的同时另外一个事件或操作对该过程进行干扰的测试。例如，App 在运行状态时与来电、收听音乐等程序运行的交互情况测试。交叉事件测试是一项非常重要的测试，能发现很多潜在的性能问题。

示例：你在移动端测试中，相比于 PC 端主要会关注哪些测试点？

解答：在移动端测试中，除了要确保业务逻辑、功能模块等测试到位，还需要关注移动端的一些特殊点。

- 后退按钮：Android系统自带手机后退按钮，iOS系统在测试时需要关注页面后退按钮可用性。
- 首页功能：如果是微信小程序项目，在内容页面要关注点击右上角的三个小点后有没有回到首页的功能，Android系统中点击右上角的按钮后有回到首页的功能而iOS系统可能没有。
- 通知信息：Android系统中可以将信息放在顶部消息栏，而iOS系统中不能放在顶部消息栏，只能显示在屏幕上。
- 兼容适配：Android系统中需要注重每个版本上App的兼容性，屏幕大小适配，尤其需要注重在Android 6.0系统上权限的测试。iOS系统中同样需要注重每个版本、屏幕分辨率的兼容。
- UI细节：Android系统与iOS系统在UI上显示会有些不同，包括字体大小、颜色、文字换行等都会有差异。
- 触屏测试：点击同一个功能或位置，两者的处理结果是一样的。
- 安装卸载测试：安装时需要关注获取的权限。
- 升级测试：有新版本后升级提醒通知，以及升级后之前的一些信息保存情况。
- 响应时长：同一功能加载的时长最好不要超过2s。
- 交互测试：App在运行过程中来电、视频/音频播放等可以正常进行。
- 自身交互：在运行过程中自身播放视频/音频、消息通知等。

14.3   其他测试

软件测试工程师除了对 Web 端和移动端上的程序进行测试，还有其他类型的程序需要测试，比如 Windows 系统上运行的程序、macOS X 系统上运行的程序、微信小程序等。

示例 1：微信小程序和 H5 有什么区别？

解答：

- 运行环境不同。H5是一种技术，运行时依附的是浏览器，包括webview。小程序是一种应用，运行在微信中。微信小程序的运行环境并非完整的浏览器，是微信开发团队基于浏览器内核完全重构的一个内置解析器，针对小程序专门做了优化，配合自己定义的开发语言标准，提升了小程序的性能。
- 开发成本不同。H5的开发涉及开发工具、前端框架、UI库、接口调用、浏览器兼容性等。微信小程序的开发根据微信团队提供的开发工具、规范的开发标准、UI库、框架等就可以进行，不需要考虑浏览器兼容性等问题，所以比H5的开发成本要低。

- 获取系统级权限不同。微信小程序相对于H5能获得更多的系统权限，比如网络通信状态、数据缓存能力等，这些系统级权限都可以和微信小程序无缝衔接。
- 运行流畅度不同。H5应用面对复杂的业务逻辑或者丰富的页面交互时，需要不断地对项目优化来提升用户体验。微信小程序由于运行环境独立，并且配合微信的解析器最终渲染出来的是原生组件的效果，自然在体验上更胜一筹。

示例2：测试 Windows 系统上的应用程序应该关注哪些测试点，列举五条以上内容？
解答：

- 安装测试，首次安装时如果有其他依赖的程序应该要有提示，安装路径检查，安装过程中进度条提示，安装完成后客户端可以正常使用。
- 重复安装测试，需要进行相关提示。
- 卸载测试，通过控制面板、安装目录自带的卸载程序、一些软件管家进行卸载，卸载后检查相关文件。
- 杀毒软件拦截测试，杀毒软件的拦截或当作木马进行检查。
- 分辨率测试，修改计算机分辨率测试，更改计算机的"缩放"进行测试。
- 兼容性测试，在不同版本的Windows系统中都可以正常运行。
- 磁盘空间测试，安装、下载某个大文件时磁盘空间不足的情况。
- 端口测试，相关的端口被占用，程序的处理。

示例3：你认为 Web 程序和 App 程序有什么不同？
解答：

- 工作平台不同：Web程序主要是运行在浏览器上的系统，App运行则基于移动操作系统。
- 界面开发技术不同：Web主要通过前端技术（HTML/JS/CSS）来设计页面，App（Android）主要通过布局文件来设计界面。
- 性能关注点不同：Web页面主要关注相应时间，而App还需要关注流量、电量、CPU等。

示例4：Web 程序测试和手机上的程序测试有什么异同点？
解答：Web 测试和手机测试从流程上来说是一样的，都需要经过需求分析→测试计划→用例设计→测试执行→提交缺陷→回归测试→测试报告→测试总结几个阶段。从测试类型上来说也是基本相同的，都需要进行功能测试、API 测试、性能测试、安全性测试等不同类型的测试，也都需要进行单元测试、集成测试、系统测试；但是在具体测试的细节和方法上又有所区别，比如进行性能测试时，Web 测试更多关注的是响应时间，而手机测试还需要考虑流量和耗电量。更多的区别如下：

- 兼容性测试：Web端主要测试浏览器的兼容，不同的浏览器和不同的版本；手机端主要测试手机设备的兼容，不同的手机型号、生产厂商。
- 安装卸载测试：Web端基于浏览器，不需要测试安装和卸载；手机端需要是客户端，所以需要测试安装和卸载。
- 交叉事件测试：在操作某个软件的时候，来电话、来短信、电量不足提示等外部事件的影响，所以手机端需要测试。
- 操作类型测试：不同的操作对软件的影响，如横屏测试、手势测试。所有手机端需要测试。
- 网络测试：包含弱网和网络切换测试。需要测试弱网所造成的用户体验，重点要考虑回退和刷新是否会造成二次提交。Web端和手机端都需要考虑，但手机端会有更多关注。
- 升级测试：升级测试需要有提醒机制，需要测试升级后对原有功能和数据的影响。需要安装客户端才可以使用的需要更多关注，所以手机端需要测试。

示例 5：请你对朋友圈点赞进行功能测试。

解答：

- 是否可以正常点赞和取消。
- 点赞的人是否在可见分组里。
- 点赞状态是否能即时更新显示。
- 多次点赞会出现什么情况。
- 点赞状态，共同好友是否可见。
- 性能检测，网速快慢对其影响。
- 点赞显示的是否正确，一行几个。
- 点赞是否按时间进行排序，头像对应的是否正确。
- 点赞之后退出该页面，再次进入朋友圈点赞消息是否还存在。
- 是否能在消息列表中显示点赞人的昵称。
- 不同手机，PC系统显示界面如何。
- 点赞之后相同好友是否收到提示信息。
- 可扩展性测试，点赞后是否能发表评论。
- 是否在未登录时可查看被点赞的信息。
- 点赞是否会泄露微信用户相关信息。

示例 6：简单说说 App 的冷启动和热启动。

解答：App 热启动是应用已经被打开，但是被按下返回键、Home 键等按键后返回到桌面或者是其他程序，再重新打开该 App。也就是说后台已经存在该应用进程，启动时不需要再为之创建一个新的进程。热启动是从已有的进程中启动，所以不会再进行 Application 步骤，而是进行 MainActivity（包括一系列的测量、布局、绘制），只需要创建和初始化一个 MainActivity。App 冷启动是应用启动时后台没有该应用的进程，系统要重新创建一个新的进程分配给该应用。冷启动时系统会重新创建一个新的进程分配给应用，所以会先创建和初始化 Application 类，再创建和初始化 MainActivity 类（包括一系列的测量、布局、绘制），最后显示在界面上。

术 ◈ 篇

第 15 章

自动化测试

在许多招聘网站中,我们会发现测试工程师职位超过百分之九十的都要求需要掌握自动化测试,相比几年前传统的手工测试职位要求,掌握自动化测试技能已经不再是加分项,而是一项必备技能。

自动化测试是把以人为驱动的测试行为转化为机器执行的一种过程,其实质是写脚本或使用工具测试程序。只要是解除人工操作的测试都可以称为自动化测试——关于自动化测试细分的话,又有很多种类,例如 Web UI 自动化测试、API 自动化测试、性能自动化测试、单元测试、Windows 窗体 UI 自动化测试等。本章将对自动化测试面试可能考察的知识点结合提问进行介绍。

15.1 API 测试

API(Application Programming Interface,应用编程接口),可以理解为软件系统不同组成部分的衔接约定。跟随 IT 行业的发展,软件也庞大了起来,这就使得需要将复杂的系统分解成不同的小模块,模块之间通过接口进行沟通。为了保障产品质量,接口测试就显得非常重要。通过工具或者代码调用特定的 API 获得返回结果,然后验证返回结果是否和预期结果相同,这样做可以提高测试质量和覆盖率,还可以促使项目在开发过程中更规范。

15.1.1　API 测试基础

一个规范的 API 测试有利于工作的开展。一个完整的接口测试流程应该包含分析接口文档和需求文档、编写接口测试计划、编写接口测试用例、接口测试执行、输出接口测试报告几个步骤。在进行 API 测试前首先需要的是掌握 API 测试的基础知识。

示例 1：什么是接口测试？为什么要做接口测试？

解答：接口是指系统模块与模块或系统与系统间进行的交互，常见的有 HTTP 协议的接口、Web Service 协议的接口和 RPC（Remote Procedure Call Protocol，远程过程调用协议）的接口。无论是通过哪种协议实现的接口，都是通过发送一个 Request 请求，服务器响应后返回一个响应结果，通过对结果分析而进行测试，即接口测试。

随着系统功能越来越庞大，业务复杂性越来越高，为了保证系统、业务的独立性，系统之间或模块之间的交互越来越多地使用接口来完成。如果要保证数据传输的准确性，就需要对接口进行测试。

示例 2：你认为做 API 测试有哪些优势，能带给项目哪些好处？

解答：做 API 测试有诸多优点：

- 相比于 Web 自动化测试更稳定，执行速度快，反馈迅速。
- API 测试在测试核心功能方面非常有用。可以在没有用户界面的情况下测试 API。
- API 测试与语言无关。
- 相比于单元测试更贴近用户使用场景。
- 可以提高代码的覆盖率，覆盖更多的应用场景。
- API 测试有助于降低风险。
- API 测试更容易定位问题，在开发、集成、不同团队之间配合中可以快速定位问题、解决问题。

示例 3：简单地说说你们是怎么做接口测试的？

　　此题考察的是接口测试流程，如果跟进过一个项目的接口测试也很容易作答。

解答：在我们的项目中接口测试和功能测试的做法流程基本上是一致的，只不过测试层面不一样，接口测试注重的是数据交换、传递和控制管理过程，以及系统间的相互逻辑依赖关系等。大致流程就是在拿到需求后会定义接口需求，了解使用场景，然后制定测试方案，根据需求和测试方案编写接口测试用例，此后与开发人员一起进行 review，review 通过后便准备测试数据、测试工具以及考虑集成等内容。等到开发提交后便执行测试，发现问题后提交 BUG，然后回归 BUG。如果接口有变动，相应的测试用例也跟随变动，最后提交测试报告，以邮件的形式发送相关人员。

示例 4：在接口的加密测试中，对称加密与非对称加密有什么区别？

解答：对称加密是最快速、最简单的一种加密方式，加密（encryption）与解密（decryption）用的是同样的密钥（secret key），这种方法在密码学中叫作对称加密算法；非对称加密为数据的加密与解密提供了一个非常安全的方法，它使用了一对密钥，即公钥（public key）和私钥（private key）。私钥只能由一方安全保管，不能外泄，而公钥则可以发给任何请求它的人。

示例 5：HTTP 接口测试和 Web Service 接口测试的区别是什么？

解答：Web Service 有一套完整的协议标准，其中有 SOAP（Simple Object Access Protocal，简单对象访问协议）协议，用来进行消息的传递。以传统工业标准的 Web Service 返回数据为例，返回结果需要包装在一个 SOAP 协议指定的语法格式中。即使只需要简单地返回字符 1，也需要包装在协议中，协议中描述了成功/失败、结果值等。普通的 Get 请求中输出 1，在调用端得到字符 1。 Web Service 和 HTTP 接口的主要区别如下：

- 接口中实现的方法和要求参数一目了然。
- 不用担心大小写问题。
- 不用担心中文 URL encode 问题。
- 代码中不用多次声明认证（账号，密码）参数。
- 传递参数可以为数组、对象等。

示例 6：什么是 SOAP 和 REST API？

解答：SOAP 代表简单对象访问控制，是一种基于 XML 的协议，用于在计算机之间交换信息。REST API 是开发人员执行请求并接收响应的一组功能，在 REST API 中通过 HTTP 协议进行交互，REST 代表状态转移。

示例 7：单元测试和 API 测试有什么区别？

解答：请参考表 15-1。

表 15-1　单元测试与 API 测试的区别

	单元测试	API 测试
负责人员	一般由开发人员负责	一般由测试人员负责
测试类型	白盒测试	黑盒测试
执行时间	尽量在构建部署之前	构建部署之后
涉及源码	源码上进行	大多不涉及源码
测试范围	范围有限，只考虑基本功能或函数	范围比较广

15.1.2　API 测试用例

API 的测试与功能测试是类似的，要执行 API 测试就需要进行 API 测试用例的设计，尽可能地全覆盖应用场景。

示例 1： 在 API 测试中你们主要验证哪些内容?

解答： 在 API 测试中我们主要关注以下内容：

- 数据准确性，检查接口返回的数据是否与预期结果一致。
- 状态码，检查调用接口后返回的状态码，结果正确和结果错误时返回的状态码。
- 参数边界值，传递的参数足够大或为负数时接口是否可以正常处理。
- 性能检查，主要关注的是响应时间。
- 授权检查，一些权限的检查。
- 安全性检查，特别是外部接口，尤为注重安全性。

示例 2： 设计接口测试用例时主要会考虑哪些方面?

解答： 主要从功能、业务逻辑、异常和安全 4 个方面设计接口用例。

- 功能方面：功能正常且和需求一致。例如，接口文档中规定了某些关键字，则需要对关键字进行测试。
- 业务逻辑方面：单一业务和业务之间的依赖。例如，接口调用之前需要调用登录接口，如果不登录也能请求数据则不符合业务逻辑。
- 异常方面：分为参数异常和数据异常。参数异常通常有空、多一个参数、少一个参数、错误参数等。数据异常通常有空、长度限制、错误数据、数据类型等。
- 安全方面：从cookie、header、唯一识别码进行考虑。cookie中考虑存在与不存在cookie的情况，header中考虑删除header的情况，唯一识别码一般不进行测试，但是像银行支付等情况一定会进行测试，例如密码的确认、指纹或人脸识别的判断。

示例 3：给你一个具体的接口，怎么设计它的测试用例？

对于具体的一个接口设计测试用例，需要考虑以下几个方面：

（1）是否满足前提条件，有些接口需要满足某些前提条件才能成功获取数据，比如说需要登录。因此，需要针对这些前置条件设计测试用例，比如携带有效的 cookie、无效的 cookie、不携带 cookie 进行发送请求。

（2）是否携带默认值参数，带有默认值的参数可测试不填写、不传参、非正确格式。必填参数都填写正确且存在的"常规"值，其他不填写。

（3）业务规则和功能需求要视时间和接口参数设计 N 条正向用例和逆向用例。

（4）参数是否必填。针对每个必填参数，都需要设计一条参数值为空的逆向用例。

（5）参数之间是否存在关联。有些参数彼此之间存在相互制约的关系。

（6）参数数据类型限制，针对每个参数都设计一条参数值类型不符的逆向用例。

（7）参数数据类型自身的数据范围值限制，针对所有参数，设计一条每个参数的参数值在数据范围内为最大值的正向用例。

示例 4：依赖第三方数据的接口如何进行测试？

解答：利用一些 MOCK 工具（如 JSON Server、Easy Mock）来模拟第三方的数据返回，最大限度地降低对第三方数据接口的依赖。

示例 5：如何从上一个接口获取相关的响应数据传递到下一个接口？

解答：首先从上一个接口中的响应数据中获取对应的返回值，然后通过正则表达式或者使用 JSON 解析来提取需要获取的值，将其存储在一个变量中。当下一个接口需要时只需要引用存储的变量即可。

示例 6：需要登录后才能操作的接口应该如何测试？

解答：首先进行一次登录操作，然后获取到登录后的 Session 或 Cookie。在下次请求时添加必要的 Session 或 Cookie。对于依赖登录后才能发送的请求其本质是在发送请求时需要附带存储用户有效信息的 Session 或 Cookie。

示例 7：接口测试中产生的垃圾数据是怎么处理的？

解答：在项目中产生的垃圾数据的处理可以分为两种情况：一种是可以通过发生正常的 API 请求进行处理，例如通过接口添加一个学生，就可以通过发送接口请求删除一个学生，一增一删就不会产生垃圾数据；另一种是不可逆的操作，比如下单支付，对于这种数据的清除就需要对数据库进行操作，从数据库中进行清理。

示例 8：Python 中 Requests 库是如何处理 HTTPS 不信任证书的？

解答：对于 Requests 处理不信任证书，可以使用 SSL 证书验证的方法，具体是加参数 verify=False。完整代码如下：

```
#SSL 证书验证
import requests

response=requests.get('https://www.12306.cn', verify=False)
print(response.status_code)
```

不过有时候会报一个警告，建议我们指定证书。可以通过设置忽略警告的方式来屏蔽这个警告：

```
import requests
from requests.packages import urllib3

urllib3.disable_warnings()
response=requests.get('https://www.12306.cn', verify=False)
print(response.status_code)
```

或者通过捕获警告到日志的方式忽略警告：

```
import logging
import requests
logging.captureWarnings(True)
response=requests.get('https://www.12306.cn', verify=False)
print(response.status_code)
```

如果上面几种方法还不能解决 SSL 的错误，可尝试重新安装 Requests：

- Python2下载版本：pip install requests==2.6.0
- Python3下载版本：pip install requests==2.7.0

示例 9：使用 Python 的 Request 库做接口测试时，Header 一般都添加哪些内容，这些内容是用来做什么的？

解答：Header 请求头信息有：

- User_Agent（客户端信息）：Mozilla/5.0（Windows NT 10.0; Win64; x64; rv:74.0）Gecko/20100101 Firefox/74.0（客户端的信息：浏览器，操作系统，浏览器的版本）。
- Accept（请求报头域，用于指定客户端可接受哪些类型的信息）：text/html，application/xhtml+xml，application/xml;q=0.9（客户端支持接受的信息类型：文本信息，q=0.9（表示权重））。
- Accept-Language（指定客户端可接受的语言类型）：zh-CN,zh;q=0.9（客户端支持接受的语言：中文，q表示权重，以逗号隔开。zh-CN的优先级高于zh，zh的权重占0.9）。
- Accept-Encoding（指定客户端可接受的内容编码）：gzip, deflate, br（客户端支持的解码格式）。服务器传输的时候会对内容进行压缩，解压的时候是客户端（浏览器）自动解压。
- Accept-Length：712（客户端支持的数据长度）。
- Accept-Charset:gbk,utf-8;q=0.8（客户端支持的字符集）。
- Content-Type（也叫互联网媒体类型（Internet Media Type）或者MIME类型，在HTTP协议消息头中,它用来表示具体请求中的媒体类型信息): application/x-www-form-urlencoded（请求体的协议类型：表单形式的（POST）），GET请求这里是空的，POST请求是在body中和数据一起发送的。
- Connectiong：keep-alive（此处的连接是指TCP（传输层）而不是HTTP）。
- HOST: 用于指定请求资源的主机IP和端口号，其内容为请求 URL 的原始服务器或网关的位置，从HTTP 1.1版本开始。
- Cookie: 也常用复数形式Cookies，网站为了辨别用户进行会话跟踪而存储在用户本地的数据，主要功能是维持当前访问会话。
- Referer，用来标识这个请求是从哪个页面发过来的，服务器可以拿到这个信息并做相应的处理，如做来源统计、防盗链处理等。
- Cookic-Control：缓存机制。

15.1.3 API 测试请求

在 API 测试中，面试官除了可能询问基本的知识点，还会结合实际操作对一些细节点进行了解。

示例 1：发送 POST 请求时，Headers 中的 Coutent-Type 都有哪些？

解答：主要使用的 Coutent-Type 有以下 4 种：

- application/x-www-form-urlencoded: 使用Ajax请求或者Curl等工具的默认POST数据类型。浏览器的原生Form表单，如果不设置enctype属性，那么最终会以application/x-www-form-urlencoded方式提交数据。

- application/json：Json字符串，一般用来发送Json类型的数据。
- multipart/form-data：一般用来发送文件/图片。
- text/xml：POST发送的data是XML格式。

示例 2：你在接口测试中都发现了什么样的 BUG？

 此题是面试官经常会提问的，通过此题可以考察求职者是否真的做过接口测试、通过什么方式进行的。

解答：我之前在一个购物网站进行支付时使用优惠券进行 API 测试，发现一个优惠券码可以多次使用的 BUG。通过页面下单支付，一个优惠券码第二次使用时会提示是无效的码，但是通过 Postman 进行 API 测试，同一优惠券码在多次支付时都可以使用。

示例 3：接口测试发送的请求，对于返回结果需要验证哪些内容？

解答：

- 验证数据的准确性。
- HTTP或其他协议返回的状态码。
- 响应时间。
- API返回任何错误时的错误代码。
- 授权检查。
- 非功能测试，如性能测试、安全测试。

15.1.4　API 测试执行

在 API 测试用例设计完成并且脚本开发完成后就需要执行测试用例，对于测试执行、结果分析也是面试官比较喜欢提问的一个点。

示例 1：在接口测试中你都发现了哪些 BUG？

 此问题回答起来比较简单，只要了解接口、对接口进行过测试会非常容易进行解答。根据自己做接口测试时发现的问题和设计接口测试用例时使用的方法便可轻松应对。

解答：需求方面上来说有接口未实现、未按照约定返回结果、边界值处理出错等；还有一些代码上的问题，如输入特定值（空值、特殊字符、超过约定长度等）、抛出未知的异常、未做封装处理等；输入错误的参数，多输入、少输入参数，接口出现错误等；安全性问题，如明文传输、返回结果含有敏感信息，没对用户身份信息做校验、没做恶意请求拦截等；性能问题，如接口并发插入多条相同操作、响应时间过长、接口压测出现瓶颈等。

示例 2：你们是如何对接口测试进行持续优化的？

解答：就自动化测试来说，持续优化是一个核心内容，通过不断修正、改进才能更大地提高收益。目前项目已经实现了接口自动化，后续还需要继续加强，主要从下面几个方面进行：

- 流程方面：加强异常场景的覆盖，加强业务流程测试、功能模块测试。
- 结果展示：接入丰富的结果展示、趋势分析，目前已经使用了 Newman 对 Postman 产生的脚本进行执行并展示结果。
- 问题定位：报错信息、日志更精准，方便问题定位和复现。
- 结果断言：加强自动化的断言，使结果更加准确。
- 白盒延伸：目前做的接口测试介于白盒和黑盒之间，甚至偏向于黑盒，接下来需要向白盒下探，提高代码覆盖率。

示例 3：请说一下 HTTP 请求报文与响应报文格式。

解答：

- HTTP 请求报文由请求行、请求头部、请求正文组成。

  - 请求行由三部分组成，分别为请求方法、URL 和协议版本，之间由空格分隔：请求方法包括 GET、HEAD、PUT、POST、TRACE、OPTIONS、DELETE 以及扩展方法；URL 是请求地址；协议版本的格式为"HTTP /主版本号.次版本号"，常用的有 HTTP / 1.0 和 HTTP / 1.1。
  - 请求头部：请求头部为请求报文添加了一些附加信息，由"名/值"对组成，每行一对，名和值之间使用冒号分隔。
  - 请求正文：可选部分，比如 GET 请求就没有请求正文。

- HTTP 响应报文由状态行、响应头部、响应正文组成。

  - 状态行：由协议版本、状态码、状态码描述组成，之间由空格分隔。
  - 响应头部：与请求头部类似，为响应报文添加了一些附加信息。
  - 响应正文：响应内容实体。

15.1.5 API 测试工具

通过 API 测试工具或者代码可以调用特定的 API 获得返回结果，然后验证返回结果是否符合预期结果。常用的 API 测试工具有 Postman、Jmeter、SoapUI 等。

示例 1：你们在项目中使用什么工具进行 API 测试？为什么选择它？

选择自己熟悉的一种工具解答，结合自身项目回答为什么选择它。

解答：下面给出 SoapUI 与 Postman 两个工具的一些特点，回答时选择其一即可。

SoapUI 是一个用于 API 测试的无头功能测试工具，允许用户轻松地测试 REST 和 SOAP API 以及 Web 服务，有免费版和收费版两种。免费版使用的是 SoapUI 的免费包，用户可以获得完整的源代码并构建自己喜欢的特性，使用拖放、指向和单击方法快速轻松地创建测试、只需几步就可以对功能测试用例重用负载测试和安全扫描等优点。收费 Pro 版本，可使用 Groovy 快速创建定制代码和强大的数据驱动测试功能，可以从文件、数据库和 Excel 中加载数据，方便模拟消费者如何与 API 交互，并且支持本地 CI/CD 集成和异步测试等功能。

Postman 工具最初作为 Chrome 浏览器的插件，现在在 Mac、Windows 和 Linux 系统上都有实用程序。使用该工具用户能够轻松地与团队共享知识，因为它可以打包所有的请求和期望的响应，然后发送给其他用户，是一个很好的 API 测试工具。Postman 具有以下优点：

- 易于使用的REST客户端。
- 丰富的界面。
- 可以同时用于自动化测试和探索性测试。
- 可以运行在Mac、Windows、Linux和Chrome应用程序上。
- 有很多集成，比如对Swagger和RAML格式的支持。
- 具有运行、测试、文档和监视功能。
- 不需要学习一门新语言。

示例 2：请选择任意一个 API 测试工具，谈谈它发起一个请求的步骤。

解答：我们在项目中使用 Postman 工具进行 API 测试。在发送请求时首先设置请求方式（GET、POST、PUT）；其次输入接口地址，一般会将 IP 和端口存在环境变量中，在接口地址中调用变量引用；然后设置请求头和请求参数；接着进行发送，请求；最后查看响应结果，对结果进行断言。

15.2 Web 自动化测试

Web 自动化测试是使用程序代替人为自动验证 Web 项目功能的过程。在 Web 项目需求变动不频繁、迭代周期长、结构稳定的情况下可以进行自动化测试。目前主流的 Web 自动化测试工具是开源免费的 Selenium。使用 Selenium 结合测试框架可以实现测试过程管理、结果的输出，操作方便，执行效率也较高。

15.2.1　了解 Web 自动化测试

了解 Web 自动化测试流程和掌握相关的基础知识，有利于提高工作效率，充分利用资源，将精力投入到更有意义的地方。

示例 1：什么是自动化测试？

解答：自动化测试是指把大量需要人工回归的用例由计算机代替执行的一种测试方式，即使用脚本控制计算机打开网页、单击链接、输入文字、单击按钮等模拟人工执行一系列操作，抓取并判断结果是否符合预期的过程。

示例 2：自动化测试有什么优缺点？

解答：

优点：节省人力，执行速度快，随时都可以执行，方便持续集成和持续交付。

缺点：成本较高，不太适合需求频繁变更的项目，一般执行原有固定逻辑，不容易发现新 BUG，需要稳定的环境，对测试人员要求较高。

示例 3：谈一谈自动化测试流程。

解答：我们项目组的自动化测试是在完成手动功能测试、发布 α 版本之后且未发布 β 版本之前进行的，基本流程如下：

（1）已经完成了手工功能测试，此时版本比较稳定，需求不会再变更。

（2）根据项目的特点选择合适的自动化测试工具，搭建测试环境。我们选择的是 C# 和 Selenium。

（3）根据手工功能测试的测试用例，将其转化为自动化测试用例。

（4）使用工具或代码实现数据的输入和输出以及结果断言。

（5）生成自动测试报告。

（6）持续改进和脚本优化。

（7）持续集成。

示例 4：什么样的项目比较适合进行自动化测试？

解答：一般情况下，周期长且相对稳定、需要经常进行冒烟测试或回归测试的项目比较适合使用自动化测试。对于周期短、用例不会多次重复执行、被测项目不稳定、需求变动频繁的项目不太适合做自动化测试。

示例 5：在自动化测试中你们主要关注哪些指标？

解答：主要关注下面几个方面：

- 自动化测试用例覆盖率：提高（自动化测试用例/所有用例数）比例，使反馈更快。
- 时间成本：手工测试所需成本与自动化测试所需成本。
- 自动化测试投入：开发脚本的投入，维护成本，其他成本。
- 发现的缺陷数：每次进行回归测试时发现的缺陷数。
- 自动化测试投入产出比。

示例 6：自动化测试可以达到 100% 的覆盖率吗？为什么？

解答：理论上是可以的，但是实际上做起来比较困难。首先，在自动化测试中，在追求100%覆盖率的同时也要考虑投入与产出比；再者，某些场景要进行自动化测试是非常困难的，甚至无法实现；第三，有一些页面交互性不是很好，某些边缘的测试用例很少会被重复执行，这些都不太适合做自动化测试。

15.2.2　了解 Selenium 工具

Selenium 是 ThoughtWorks 提供的一个强大的基于浏览器的开源自动化测试工具，是一个用于 Web 应用程序测试的工具，Selenium 测试直接自动运行在浏览器中，就像真正的用户在手工操作一样，支持的浏览器包括 IE、Chrome 和 Firefox 等，支持 .NET、Perl、Python、Ruby 和 Java 等多种语言。

示例：简述一下 Selenium 的工作原理。

解答：Selenium 启动以后，driver 充当服务器的角色在测试脚本和浏览器之间通信。测试脚本根据 webdriver 协议发送请求给 driver，driver 解析请求并在浏览器上执行相应的操作，然后将执行结果返回给测试脚本。

15.2.3　元素定位

元素定位是自动化测试中一个非常关键、非常基础的知识点，要掌握并且熟练运用八大定位：Id 定位、Name 定位、Class 定位、Tag 定位、Link 定位、Partial Link 定位、CSS 定位和 xPath 定位。

示例 1：find_elements 和 find_element 有什么区别？

解答：find_element 使用的"定位机制"是查找当前页面中的第一个元素，返回的是一个元素。find_elements 使用的"定位机制"是查找当前页面中的所有元素，返回的是一个元素列表。

示例 2：怎么定位 Tooltip 文本内容？

解答：Tooltip 也叫悬浮文本，一般是将鼠标放在元素上面显示的说明或提示文本。定位时可使用 Actions 类中提供的方法 move_to_element(element)，使鼠标移动到元素上，再通过 get_attribute()方法获取 Tooltip 的属性值。

示例 3：怎么定位动态变化的元素？

解答：首先找到离该元素最近的固定元素，然后通过 CSS 或 xPath 定位方式根据父子关系、兄弟关系等进行定位，或者通过遍历查找进行定位。

示例 4：如何通过子元素定位父元素？

 在元素定位中面试官非常喜欢考察通过子元素定位父元素，如果此题正确解答则面试官基本上可以判断元素定位考察通过。

解答：可使用两种方法，第一种方法是 .. 的形式，. 表示当前节点，.. 表示父节点，例如"//div[@id='id']/.."；第二种方法是使用 xPath 轴定位中的 parent 取当前节点的父节点，例如"//div[@id='id']/ parent::div"。

示例 5：元素在页面中存在但是 Selenium 查找失败，可能存在的原因是什么？

解答：

- 元素定位错误。
- 未设置等待时间，造成页面还未加载完成程序已执行完成。
- 嵌套的存在，元素可能被包含在iframe/frame里面。
- 元素被遮挡，可以查找到但是操作失败。
- 如果元素通过坐标定位，页面的变化也会受到影响。例如，在Chrome浏览器中下载一个文件会在页面下方出现下载记录，导致页面向上偏移、坐标出现错误。

示例 6：如果某元素有属性 type="hidden"或 style="display: none;"，使用 Selenium 是否可以定位到？

解答：这样的元素是被隐藏的元素，在页面上是不显示的，因此不能定位到。如果非要操作，那么可以使用 JavaScript 先将标签中的 type="hidden" 或 style="display: none;"移除，再进行定位。

15.2.4　元素操作

元素操作是自动化测试中最基本的一项功底。

示例 1：如何判断元素是否存在？

解答：判断元素是否存在可使用 try…except 在 HTML 中查找该元素，如果 except 到 NoSuchElementException，则返回 False，即表明元素不存在。

示例 2：如何判断元素是否显示？

解答：元素显示存在两种情况，一种是元素根本就不存在；另外一种是元素存在但是被隐藏掉，即处于 hidden 状态，这种情况可以使用 is_displayed 方法进行判断。

15.2.5　脚本开发

在 Web 自动化测试中，无论使用工具还是代码，都需要对项目脚本有组织、有计划地开发。

示例 1：你们在自动化脚本开发中有哪些规范吗？

解答：在自动化脚本开发中可以分两种规范，一种是原有语言（项目组使用 Python 语言）的规范，一种是项目组的规范。原有语言的规范有命名规范，例如测试用例函数需要以 test 开头，上下文管理使用 with，类与类、类与函数之间空两行，类成员函数之间、不同的逻辑块之间空一行等。项目组中的规范有定位元素都需要写注释、循环尽可能少写嵌套层等。

示例 2：driver.close()与 driver.quit()有什么区别？

解答：driver.close()是关闭当前页面，driver.quit() 是关闭所有页面，并且结束浏览器进程。如果只有一个页面，那么 driver.close()和 driver.quit()效果是一样的，都会关闭页面且结束浏览器进程。如果有多个页面则 driver.close()会关闭当前操作的页面（当前操作页面并非当前显示的页面），而 driver.quit()会关闭所有页面并且结束浏览器进程。

示例 3：用例在运行过程中经常会出现不稳定的情况，也就是说这次可以通过，下次就没有办法通过了，如何去提升用例的稳定性？

解答：可以通过添加时间等待和异常捕捉进行处理，时间等待可以使用 time.sleep()和 driver.implicitly_wait()进行处理，异常捕捉可以使用 try 处理异常。

15.2.6　时间等待

合适的时间等待可以提高代码的稳定性、提高脚本的执行成功率。

示例 1：自动化中有三种时间等待，它们各自有什么特点？

- sleep（强制等待）：也是线程等待，例如time.sleep(2)就是线程强制休眠2秒钟，2秒过后再执行后续的代码。
- implicitlyWait（隐式等待）：会在指定的时间范围内不断地查找元素，直至找到元素或超时，特点是必须等待整个页面加载完成。
- WebDriverWait（显式等待）：通常是我们自定义的一个函数代码，这段代码用来等待某个元素加载完成，再继续执行后续的代码。

示例 2：time.sleep(3)和 implicitly_wait(3)有什么区别？

解答：time.sleep(3)时间固定，一定会等待 3 秒。implicitly_wait(3)不一定要等待 3 秒，在等待的时间内只要设定的操作可以继续则立即进行下一步操作，但是最多等待 3 秒。

15.2.7　测试框架

自动化测试框架是为自动化测试脚本提供执行环境的脚手架,帮助测试人员快速有效地开发、执行和报告自动化测试脚本。我们可以通过框架进行测试数据注入、设计测试用例、模块化分类、产出测试报告等，以此支撑自动化测试的运行。

示例 1：super 是干什么用的？为什么要使用 super？

解答：super 用于继承父类的方法、属性。使用 super 可以提高代码的复用性、可维护性，修改代码时只需修改一处。

示例 2：self、cls 和 super 之间有什么区别？

解答：

- self是实例方法中定义的第一个参数，表示该方法的实例对象。
- cls是类方法中定义的第一个参数，代表当前类。
- super 用于继承父类的方法、属性。

示例 3：你了解哪些自动化测试框架？使用过哪些框架？

根据个人情况回答，比如单元测试框架 UnitTest、Pytest。

示例 4：什么是 setUp() 和 tearDown() 函数？

解答：setUp() 函数是在众多函数或者说是在一个类里面最先被调用的函数，而且每执行完一个函数都要从 setUp() 调用开始后再执行下一个函数，有几个函数就调用几次，与位置无关，随便放在哪里都是它先被调用。

tearDown() 函数是在众多函数执行完后才被执行，不管这个类里面有多少个函数，它总是最后一个被执行，与位置无关，放在哪里都行，最后不管测试函数是否执行成功都执行 tearDown() 方法；如果 setUp() 方法失败，则认为这个测试项目失败，不会执行测试函数也不会执行 tearDown() 方法。

15.2.8　测试模型

自动化测试模型可以看作是一种自动化测试框架与工具的设计思想，优良的自动化测试模型有利于提高项目运行效率和后期维护。

示例 1：简单地介绍一下 PO 模型。

解答：PO（Page Object）模型即页面对象模型，将每一个页面作为一个页面类，并将页面中所有的测试元素封装成方法。在自动化测试过程中，可以通过页面类得到元素方法，从而对元素进行操作。这样可以将页面定位和业务操作分离，标准化了测试与页面的交互方式。通过对页面元素和功能模块封装可以减少冗余代码，同时利于后期维护和代码复用。

示例 2：请简单地介绍一下数据驱动模型。

解答：数据驱动模型是从某个数据文件（例如 TXT 文件、Excel 文件、CSV 文件、数据库等）中读取输入或输出的测试数据，然后以变量的形式传入事先录制好的或手工编写好的测试脚本中。在这个过程中，作为传递（输入/输出）的变量被用来验证应用程序的测试数据，而测试数据只包含在数据文件中并不是脚本里。测试脚本只是作为一个"驱动"，相同的测试脚本使用不同的测试数据来执行，测试数据和测试行为进行了完全的分离，这样的测试脚本设计模式叫作数据驱动模型。

示例 3：你都了解哪些测试模型？

解答：自动化测试模型有线性模型、模块化驱动模型、数据驱动模型、关键字驱动模型和行为驱动模型，但是在实际应用中都会结合多种测试模型，使用混合测试模型。

- 线性模型，将录制或编写的脚本与应用程序的操作步骤对应起来，就像流水线工作一样，每一个步骤对应一行或多行代码。每一条流水线（每个测试脚本）都是相对独立的，且不产生其他依赖与调用。
- 模块化驱动模型，借鉴了开发编程的模块化思想，该模型将重复的操作独立出来封装成公共模块，在编写测试脚本时如果需要就可以直接调用，提高了代码的复用性，减少了开发成本。
- 数据驱动模型，在自动化测试执行中根据数据的改变而引起测试结果的改变，简单地说就是数据的参数化，输入不同的参数驱动程序执行，从而输出不同的测试结果。
- 关键字驱动模型，通过关键字的改变引起测试结果改变的一种功能自动化测试模型。
- 行为驱动模型，主要是从用户的需求出发强调系统行为，是一种通过使用自然描述语言确定自动化测试脚本的模型。用例的写法基本和功能测试用例的写法类似，具有良好协作的益处。每个测试场景都是一个独立的行为，以避免重复，并且已有的行为可以重复使用。

15.2.9　分布式执行

Selenium 工具中提供了分布式执行测试的工具 Selenium Grid，该工具是用于运行在不同的机器、不同的浏览器的并行测试工具，可以加快测试用例的运行速度。

示例 1：使用 Selenium Gird 进行分布式执行测试用例有哪些优点？

解答：Selenium Grid 是一个非常灵活的工具，有许多优点：

- 可以在不同系统和浏览器中运行测试。
- 可以同时在不同的系统环境中运行。
- 可以同时测试多个浏览器类型和版本。
- 减少了测试执行的时间。
- 允许多线程并发运行。

示例 2：什么是 Selenium Server，它与 Selenium Hub 有什么不同？

解答：Selenium Server 是使用单个服务器作为测试节点的一个独立的应用程序，Selenium Hub 是用来代理一个或多个 Selenium 的节点实例。一个 Hub 和多个 Node 被称为 Selenium Grid，运行 Selenium Server 与在同一主机上用一个 Hub 和单个节点创建的 Selenium Grid 类似。

15.3　App 自动化测试

在移动互联网时代，移动端 App 产品在不断推陈出新，所以测试人员必须掌握 App 测试技能。App 自动化测试成为常态，因为进行自动化测试不仅可以节约时间，还能避免人为因素造成的测试错误和遗漏。

15.3.1　Appium 基础

Appium 是一个免费分发的开源移动应用 UI 测试框架，可以用来测试原生及混合的移动端应用，支持 iOS、Android 及 FirefoxOS 平台，是使用 Node.js 平台编写的"HTTP Server"，并使用 WebDriver JSON 线协议驱动 iOS 和 Android 会话。

示例 1：解释什么是 Appium Inspector。

解答：与 Selenium IDE 记录和播放工具类似，Appium 用一个"Inspector"来录制和播放。它通过检查 DOM 记录和播放本机应用程序的行为，并以任何所需的语言生成测试脚本。但是，Appium Inspector 不支持 Windows，并在其选项中使用 UIAutomator 查看器。

示例 2：Appium 有哪些启动方式？

解答：Appium 有两种启动方式，客户端启动和命令行启动。其中，命令行启动既可以利用 cmd 执行 appium 命令，也可以将命令写在编程语言中执行。

15.3.2　脚本开发

依据编写的测试用例设计使用相关框架（例如 Python+nittest+Appium）编写相关自动化测试脚本，实现完整的 App UI 自动化测试、自动执行及邮件发送测试报告功能。也可以通过一些工具录制自动化脚本。

示例 1：你在自动化脚本开发过程中经常会遇到什么问题，是如何解决的？

 此问题不只是对自动化测试的考察，还在考察求职者的问题分析和解决能力。

解答：需求不确定性，页面结构频繁变更，遇到此类问题会暂时搁置相关自动化脚本的开发，等到系统结构稳定后再进行；测试用例运行报错，可能引起的问题有定位错误、未设置时间等待等，解决此类问题时先定位到发生问题的地方，然后确定问题发生的原因，再有针对性地进行解决。

示例 2：如何保证脚本的有效性？

解答：保证定位的有效性，元素单独封装，封装处理异常；保证流程的有效性，封装处理方法；保证数据的有效性，保证数据库环境稳定，备份恢复，脚本灵活，实时提取数据，随机数。

15.3.3 设备操作

设备操作指的是与移动端设备进行交互，例如元素拖拽、密码解锁等。当然，还有一些特别的操作，例如人脸识别、语音检查。

示例：使用 adb 时检测不到设备，你会怎么解决？

解答：首先检查手机驱动是否安装（Windows 10 系统不需要），如果没有则需要从官网下载手机驱动或者从计算机上下载手机助手来辅助安装手机驱动，安装完成后卸载手机助手（防止接入手机时抢 adb 端口造成干扰）。然后打开手机设置，进入开发者选项，打开USB 调试功能。最后重新插拔手机 USB，选择接受调试、接受验证指纹。

15.3.4 Android 和 iOS

移动端进行自动化测试的整体思路是相同的，但是对于不同的设备、不同的操作系统部分操作还是存在区别的。

示例：在 iOS 和 Android 系统上是怎么抓取日志的？

解答：

- iOS上抓取日志：通过iTunes Connect（Manage Your Applications - View Details - Crash Reports）获取用户的Crash日志；通过Xcode从设备上获得崩溃日志；在程序中添加崩溃捕捉代码，例如在应用中集成第三方SDK，如百度统计。
- Android上抓取日志：通过集成第三方SDK，如百度统计、友盟统计等；发版时使用加固工具，它们也会收集错误日志，如360加固；在程序中添加程序异常崩溃的捕捉代码，保存到本地文件中。

15.4　其他自动化测试

　　面试官的问题千奇百怪，可能是事先准备好的一些问题，也有可能是瞬间想到的问题，除了上面常常遇到的三种自动化测试的问题，也有一些其他的问题需要求职者做好准备。

　　示例： App 与 Web 自动化测试有什么区别？

　　解答： App 与 Web 自动化测试有相同点，也有不同点，列举出来也有很多。先说相同点：设计测试用例时均依据等价类、边界值等方法，测试原理相同；均采用黑盒测试方法来验证业务功能；采用的测试模型相同，如 PO 模型、数据驱动模型等；执行策略相同，比如都在晚上 3 点执行，每天执行一次；都测试应用系统的稳定性。再说不同点，也有很多：比如手机作为通信工具，通信等行为会在 App 中产生（中断测试）；产品的安装、卸载操作；Web 自动化测试通常使用 Selenium，而 App 自动化测试常用的是 Appium；Web 自动化测试需要在不同浏览器上进行，而 App 自动化测试是在不同手机、不同系统（Android 和 iOS）上进行。

术 ◈ 篇

第 16 章

性 能 测 试

性能测试是通过自动化测试工具模拟多种正常、峰值以及异常负载条件来对系统的各项性能指标进行测试。在版本更新后，需要验证新系统是否能够满足系统的上线指标，保障系统上线后的稳定，同时发现存在的性能瓶颈，最好起到优化的目的。

16.1　性能测试基础

进行性能测试通常会经过需求分析、性能测试指标指定、脚本开发、场景设置、监控部署、测试执行、性能分析、性能调优、输出测试报告几个阶段。每一个阶段都需要扎实的基础知识储备，因此基础知识也是面试官非常重视的一个点。

示例 1：简述一下性能测试流程。

解答：一个完整的性能测试流程可以分为六个阶段，分别是需求分析阶段、测试准备阶段、脚本开发阶段、脚本执行阶段、性能分析阶段、测试报告阶段。做完性能测试后还会对本次性能测试进行总结。

- 需求分析阶段，分析系统非功能需求，关注业务量、业务分布、用户规模、性能指标等信息，确定性能测试范围，了解性能指标。
- 测试准备阶段，编写性能测试计划，然后根据测试计划进行测试实施方案，测试案例准备，以及环境、数据和工具的准备。

- 脚本开发阶段，测试脚本是对业务操作的程序化体现，一个脚本一般为一项业务的过程描述。脚本开发是通过工具编写脚本、修改和调试工作，从而保证在测试实施之前每个测试用例的脚本都能够在单笔和少量迭代次数的条件下正确执行。
- 脚本执行阶段，测试执行阶段是执行测试案例、获得系统处理能力指标数据、发现性能测试缺陷的阶段。
- 性能分析阶段，根据性能测试工具显示结果、监控结果综合分析出现的测试问题，并且与开发人员一起来解决性能问题。
- 测试报告阶段，测试报告用来输出测试的过程和测试结果，通常包括性能测试背景、目标、范围、环境、数据、结果、结论等内容。

示例 2：什么是负载测试、压力测试、容量测试和极限测试？

解答：负载测试（Load Test）是一种性能测试，指数据在超负荷环境中运行，程序是否能够承担；压力测试（Stress Test）又叫强度测试，检测在系统资源特别低的情况下软件系统的运行情况，目的是找到系统在哪里失效以及如何失效的原因；容量测试（Volume Test）是确定系统可处理同时在线的最大用户数，通常和数据库有关，容量关注的是大容量，而不需要关注使用中的实际表现；极限测试（Extreme Testing）是在过量用户下的负载测试，连续执行所有能做的操作。

示例 3：请解释一下响应时间、并发用户数、吞吐量、性能计数器、TPS、HPS。

解答：响应时间指的是系统响应时间，为应用系统从发出请求开始到客户端接收到响应所消耗的时间，是一个系统最重要的指标之一。

- 并发用户数是指系统同时能处理的请求数量，也反映了系统的负载能力。
- 吞吐量是指单位时间内系统能处理的请求数量，体现系统处理请求的能力。
- 性能计数器是描述服务器或操作系统性能的一些数据指标，如使用内存数、进程时间，在性能测试中发挥着"监控和分析"的作用，尤其是在分析系统可扩展性、进行瓶颈定位时有着非常关键的作用。
- TPS是每秒钟系统能够处理的交易或者事务数量，是衡量系统处理能力的重要指标。
- HPS是每秒钟用户向Web服务器提交的HTTP请求数。

示例 4：什么时候开始进行性能测试？

解答：性能测试一般分前期阶段和后期阶段。前期阶段是功能实现后还没有到系统集成时期。此时可以针对单一功能进行性能测试，验证单独的功能性能指标。后期阶段是指系统已经开发完成，且功能测试完成，进行整体的性能测试阶段。

16.2　需求调研

需求调研工作由性能测试实施人员牵头负责，产品经理、开发工程师、运维工程师配合完成。调研阶段主要是组建工作小组、项目创建、需求分析、模型构建、定制性能测试详细实施计划。

示例 1：请描述用户、开发人员、系统管理员各自关注的软件性能要点。

解答：

- 用户：用户作为产品的体验者，重点关注产品的响应速度和响应时间。
- 开发人员：开发人员作为产品的实现者，重点关注响应时间和与数据库的交互。
- 系统管理员：重点关注用户感受到的软件性能，并且利用管理功能进行性能调优或者利用其他软硬件手段进行性能调优。

示例 2：请问你是如何得到性能测试需求的？对于一个缺乏性能明确需求的项目，你是如何提取性能需求的？

解答：通常来说，性能测试需求来自于客户，或者通过以前的数据统计预测。如果性能需求不明确，则可与客户交流、查看历史日志、跟同类产品对比等，然后结合以往的经验来明确。

示例 3：如果项目采用的是敏捷流程开发，那么性能测试应该如何开展？

解答：按照一般流程来说，每个迭代目标中都应该包含明确的性能目标，从而建立不同层次的性能测试，尽可能地完全或接近完全构建自动化的性能测试，最后使用测试驱动方法保证性能与优化性能。同时也要考虑产品的业务流程，以及进行性能测试的价值。例如，对于考试报名系统，每年考试报名的时间基本是确定的，每年一次，因此性能测试在考试报名前一个版本完成后进行便可以，其他版本迭代进行性能测试意义不是很大。

16.3　性能测试工具

通过使用性能测试工具，可以更好地模拟多用户，对业务场景进行重复和并发，在执行时监控指标参数，进而对数据进行分析。常用的性能测试工具有 Jmeter、LoadRunner、QALoad、NeoLoad、WebLOAD。

示例 1：LoadRunner 由哪些部分组成？

解答：LoadRunner 主要由脚本生成器、场景控制器和结果分析器三部分组成。

- 脚本生成器（Virtual User Generator）：录制调试脚本用的。
- 场景控制器（Controller）：用脚本生成场景、执行场景，并在场景执行时进行监控。
- 结果分析器（Analysis）：场景结束后将监控的指标整理成图表展现给用户。

Virtual User Generator 用来录制脚本，Controller 可以模拟多用户并发下回放脚本。

示例 2：简述使用 LoadRunner 进行性能测试的步骤。

 考察对性能测试工具 LoadRunner 的使用情况。

解答：在制订好性能测试计划后，主要通过五步完成。

（1）创建脚本。使用 VuGen 提供的录制功能，自动产生基本的脚本，然后编辑脚本、添加注释等。

（2）设置测试场景，用中央控制器调度虚拟用户。在 Controller 中对场景进行配置。在测试过程中，Controller 控制 Load Generator 对被测试系统的加压方式和行为。

（3）监控测试场景。Controller 同时负责搜集被测系统各个环节的性能数据。各个 Load Generator 会记录最终用户的响应时间和脚本执行的日志。

（4）运行脚本。

（5）分析测试结果。借助数据分析工具 Analysis 对性能数据进行分析，进而确定瓶颈和调优方法。

示例 3：Jmeter 监听器都有哪些？

解答：集合报告、查看结果树、表格查看结果、图形结果、BeanShell Listener、摘要报告等。

16.4　脚本设计

脚本设计是对业务操作的程序化体现，通过录制或者编写完成脚本代码生成。根据测试需求，进行参数化设置、设定检查点、确定集合点等操作。

示例 1：在性能测试中用测试工具进行数据关联是什么意思，要解决什么问题？

解答：关联是将某一个请求后服务器返回的数据通过一定的规则模式提取出来并将其保存，在后续代码中使用。如果服务器返回的数据是动态变化的，而后续脚本需要使用这个变化的数据时就需要进行数据关联。

示例 2：LoadRunner 脚本出现乱码怎么解决？

解答：LoadRunner 脚本出现乱码可能是 HTTP 协议设置选项中没有选择对应类型。可以在"工具→录制设置→HTTP properties→Support charset"下面勾选 UTF-8。

示例 3：什么是 think time？think time 有什么用？

解答：think time 即思考时间，指用户在进行操作时每个请求之间的间隔时间。在测试脚本中，思考时间体现为脚本中两个请求语句之间的间隔时间。设置思考时间是为了更加真实地模拟用户操作。由于用户基于经验水平和目标而与应用程序进行交互操作，因此技术水平更高的用户工作起来可能会比新用户要快。

示例 4：为什么要创建参数，如何创建参数？

解答：当环境变化或者数据需要变动时，脚本需要具备应对这种变化的能力，此时就需要参数的支持，也称参数化。

创建参数也很简单，首选需要确定参数化的数据，然后设置一定的规则形式来获取值，再将值以参数的形式传入。

示例 5：一台客户端有 300 个客户与 300 个客户端有 300 个客户对服务器施压，有什么区别？

解答：300 个用户在一个客户端上，会占用客户机更多的资源，从而影响测试的结果；线程之间可能也会发生干扰，产生一些异常；同时也需要更大的带宽支持，IP 地址也可能需要使用 IP Spoof 来绕过服务器对于单一 IP 地址最大连接数的限制。300 个客户端有 300 个客户对服务器施压相当于分布在不同的客户端上，需要考虑使用控制器来整体调配不同客户机上的用户，同时也需要给予相应的权限配置和防火墙设置。

示例 6：Jmeter 负载测试中如何保持 Session 会话？

解答：为了使登录并发和后续请求的并发保持关联性，同时又不影响后续的性能，可以保存登录的 Session 数据（存本地或者存系统属性）。后续的请求在并发时就可以直接读取保存的 Session 数据。

示例 7：进行分布式系统设计时你会考虑哪些策略？

分布式系统是由一组通过网络进行通信、为了完成共同的任务而协调工作的计算机节点组成的系统。分布式系统的出现是为了用廉价的、普通的机器完成单个计算机无法完成的计算、存储任务。其目的是利用更多的机器、处理更多的数据。只有当单个节点的处理能力无法满足日益增长的计算、存储任务的要求，并且硬件的提升（加内存、加磁盘、使用更好的 CPU）高昂到得不偿失、应用程序也不能进一步优化的时候，才需要考虑分布式系统。

解答：

（1）心跳检测。在分布式环境中，一般会由多个节点来分担任务的运行、计算或程序逻辑处理。通常采用心跳检测来判断节点是否可用。心跳检测又可分为周期检测心跳机制和累计失效检测机制。周期检测心跳机制指服务器端每间隔 t 秒向 Node 集群发起监测请求，设定超时时间，如果超过超时时间，则判断"死亡"。累计失效检测机制指在周期检测心跳机制的基础上，统计一定周期内节点的返回情况（包括超时及正确返回），以此计算节点的"死亡"概率。另外，对于宣告"濒临死亡"的节点可以发起有限次数的重试，以做进一步判断。

（2）高可用设计。系统高可用性的常用设计模式包括三种：主备（Master-Slave）模式、互备（Active-Active）模式和集群（Cluster）模式。主备模式是当主机宕机时，备机接管主机的一切工作，待主机恢复正常后，按使用者的设定以自动（热备）或手动（冷备）方式将服务切换到主机上运行。互备模式指两台主机同时运行各自的服务工作且相互监测情况。集群模式是指有多个节点在运行，同时可以通过主控节点分担服务请求。

（3）容错处理。容错就是系统对于错误的包容能力，确切地说是容故障而非错误。容错的处理是保障分布式环境下相应系统的高可用或者健壮性。

（4）负载均衡。负载均衡集群的关键在于使用多台集群服务器共同分担计算任务，把网络请求及计算分配到集群可用服务器上，从而达到可用性及较好的用户体验。

示例 8： 如果让你来设计分布式系统，有哪些问题会重点考虑？

解答： 设计分布式系统的本质就是将一个系统合理地拆分成多个子系统，然后部署到不同的机器上。因此，需要考虑下面几个问题：

（1）如何合理地拆分出子系统。

（2）子系统之间需要通信才能一起对外提供服务，所以要规划子系统之间如何进行通信。

（3）通信过程的安全需要怎么保证。

（4）子系统如果要扩展的话应该怎么设计。

（5）子系统的可靠性如何保证。

（6）多个子系统之间相互通信交换数据，如何保证数据的一致性。

16.5 性能调优

性能调优是用更少的资源提供更好的服务，成本利益最大化。通过确认问题、分析问题、解决问题使系统整体性能得到改善。

示例 1：在性能测试的时候怎样判断网络存在瓶颈？

解答：首先，做性能测试都有专业的测试工具，一般来说 LoadRunner 是一种预测系统行为和性能的工业标准级负载测试工具。通过以模拟上千万用户实施并发负载及实时性能监测的方式来确认和查找问题。其次，利用 LoadRunner 里面专门针对网络的性能指标 Network Deley Time 来测试。最后，性能测试跟软件、硬件、网络都有关系，不能只看一个性能指标，需要结合当前被测系统软硬件情况综合分析得出结果。

示例 2：如何判断一个程序存在内存泄漏？

解答：内存泄漏是指对象不再被应用程序使用，但是垃圾回收器却不能回收它们，因为它们正在被引用。对于长时间运行的程序来说，内存泄漏会使程序占用的内存一直增加，最后就会内存耗尽而导致宕机，即使不宕机也会使系统的运行越来越慢，还有就是有些内存有其他资源，比如数据库连接、网络连接等，如果在网上就会出现阻塞。

示例 3：之前在项目中对服务器进行性能测试主要监控哪些指标，各自的阈值是多少？

解答：服务器的负载均衡机制：采用硬件还是软件，采用什么负载分发策略，所以服务器的性能跟环境有很大关系。对服务器进行性能测试最常用的监控指标有事务响应时间，一般操作的响应时间为 2 秒、5 秒、8 秒，又称 2/5/8 原则。简单地说就是当用户能够在 2 秒以内得到响应时，会感觉系统的响应速度很快；当用户在 2～5 秒得到响应时，会感觉系统的响应速度还可以；当用户在 5～8 秒以内得到响应时，会感觉系统的响应速度比较慢，但是还可以接受；当用户在超过 8 秒后仍然无法得到响应时，会感觉系统糟透了，或者认为系统已经失去响应，而选择离开这个 Web 站点，或者发起第二次请求。对于其他一些特殊的操作，比如上传和下载，可根据用户体验情况延长响应时间。

示例 4：在性能测试中，TPS（Transections per Second，每秒事物数）上不去可能是由哪些原因造成的？

解答：在性能测试中，TPS 上不去时可从网络带宽、连接池、应用程序、数据库配置、通信连接机制等方面进行考虑。

- 网络带宽原因：在模拟大量用户请求的压力测试中，如果单位时间内传递的数据包过大，超过了带宽的传输能力，就会造成网络资源竞争，间接导致服务器端接收到的请求数达不到服务器端的处理能力上限。
- 连接池原因：连接池一般分为服务器连接池和数据库连接池，当允许的最大连接数太少时会造成请求等待。
- 应用程序（如垃圾回收机制）原因：从常见的应用服务器来说，比如Tomcat，因为Java的堆栈内存是动态分配的，具体的回收机制是基于算法的，如果新生代的Eden

和Survivor区频繁地进行Minor GC、老年代的full GC也回收较频繁，那么对TPS是有一定影响的，因为垃圾回收本身会占用一定的资源。

- 数据库配置原因：高并发情况下，如果请求数据需要写入数据库且需要写入多个表，而数据库的最大连接数不够，或者写入数据的SQL没有索引、没有绑定变量，抑或没有主从分离、读写分离等，就会导致数据库事务处理过慢，从而影响到TPS。
- 通信连接机制原因：串行、并行、长连接、管道连接等不同的连接情况也会间接对TPS造成影响。
- 硬件资源原因：包括CPU（配置、使用率等）、内存（占用率等）、磁盘（I/O、页交换等）。
- 压力机原因：比如使用Jmeter工具，单机负载能力有限。如果需要模拟的用户请求数超过其负载极限，也会间接影响TPS。
- 压测脚本原因：如Jmeter进行阶梯式加压测试，最大的模拟请求数超过了设置的线程数，导致线程不足。
- 业务逻辑原因：业务解耦度低，较为复杂，整个事务处理线被拉长导致的问题。
- 系统架构原因：是否有缓存服务、缓存服务器配置、缓存命中率、缓存穿透以及缓存过期等都会影响到测试结果。

示例5：如何发现数据库的相关问题？

解答：可以通过数据库监控器和数据资源图发现数据库相关的问题，例如在运行Controller之前，可以指定需要度量的资源，之后可以根据监控的数据分析数据库相关的问题。

示例6：你遇到过哪些性能问题？可能的原因有哪些？

解答：

- out of memory：内存溢出，调整JVM、GC频率。
- connect timeout：连接超时。
- port already use：端口占用。
- Jmeter线程阻塞：调整本机的Java内存。
- TPS波动剧烈：内存、CPU、磁盘都有可能。
- 网络IO过多：数据包过多，分片过多。

示例7：如何对瓶颈进行性能分析？

解答：性能瓶颈分析参考准则是排除法，从上至下、从局部到整体。针对不同的瓶颈采用不同的分析方法，一般分为内存分析方法、处理器分析法、磁盘I/O分析方法、进程分析方法、网络分析方法等。

内存分析方法用于判断系统有无内存瓶颈，是否需要通过增加内存等手段提高系统性能表现；处理器分析法是通过处理器性能计数器的值体现服务器整体处理器利用率，判断是否存在处理器瓶颈；磁盘 I/O 分析方法是通过磁盘 I/O 性能计数器的值体现服务器整体磁盘 I/O 使用情况，判断是否存在处理器瓶颈；进程分析方法是通过进程性能指标数据判断是否存在进程瓶颈；网络分析方法是通过网络性能指标数据判断是否存在网络瓶颈。

示例 8： 如果有一个页面特别卡顿，可能是什么原因造成的？

解答： 有三种可能性。第一是后端性能问题，接口返回数据特别慢、查询数据等各种问题；第二是前端问题，使用开发者工具进行调试，判断是 JS 执行时间长还是其他问题引起的；第三可能是网络问题。

16.6 性能测试报告

性能测试工作完成后需要进行交付，对测试结果进行输出，拿出测试报告。我们通过查看一个完整的性能测试报告就可以知道项目的性能测试背景、目标、范围、环境、数据、结果、结论等内容。

示例： 性能测试报告中应该包含的主要内容有哪些？

解答： 性能测试报告主要包括项目介绍、性能测试工具、测试方案、测试数据、测试结论五大部分。

- 项目介绍，主要介绍项目开展的背景、测试目标、测试范围、术语说明、环境配置等信息。
- 性能测试工具，使用什么工具进行测试，例如LoadRunner、Jmeter。
- 测试方案，描述进行的性能测试、操作步骤和通过标准。
- 测试数据，全面多方位的测试数据，包括并发量、TPS、事物响应时间、事务成功率、硬件资源使用率（CPU、内存、网络、IO等）等内容。
- 测试结论，分析测试数据，给出测试结论，满足的性能要求和存在的问题。

第 4 篇

术 ≋ 篇
—

第 **17** 章
持 续 集 成

持续集成（Continuous Integration，CI）指的是频繁地（一天多次）将代码集成到主干，使产品在快速迭代的同时还能保证高质量。通过持续集成，一个开发团队可以快速从一个功能到另一个功能，如今许多公司都采用敏捷开发，对于这种快速迭代的产品在代码提交、测试（第一轮）、构建、测试（第二轮）、部署、回滚上非常依赖持续集成工具。

17.1 了解持续集成

Martin Fowler 说过，"持续集成并不能消除 BUG，而是让它们非常容易发现和改正"。通过持续集成可以快速发现错误、防止分支大幅偏离主干。每完成一点更新就集成到主干，这样可以快速发现错误，并且定位错误也更加容易。如果不经常集成，但是主干又在不断更新就会导致以后的集成难度很大，甚至难以集成。

示例 1：什么是持续集成、持续交付、持续部署？

 概念性考察，回答合理即可。

解答：

持续集成（Continuous Integration，CI）指的是频繁地（一天多次）将代码集成到主干，目的是让产品可以快速迭代，同时还能保证高质量。

持续交付（Continuous Delivery）指的是频繁地将软件的新版本交付给质量团队或者用户，以供评审。如果评审通过，代码就进入生产阶段。持续交付可以看作持续集成的下一步。它强调不管怎么更新，软件是随时随地可以交付的。

持续部署（Continuous Deployment）是持续交付的下一步，指的是代码通过评审以后，自动部署到生产环境。目标是代码在任何时刻都是可部署的，可以进入生产阶段。

示例 2：持续集成有什么好处？

解答：持续集成是需要一些测试来构建流程成功的开发流程之一，具有很多好处：

- 加强团队沟通。
- 改善代码覆盖率。
- 自动化构建，将代码部署到生产中。
- 快速构建，减少代码的审核时间。
- 减少开销。
- 每个人都可以看到最新构建的结果。
- 研发团队可以轻松获得最新的可交付成果。

示例 3：持续集成的目的是什么？

 考察是否真实地经历过持续集成的项目，以及对持续集成意义的理解。

解答：持续集成是指频繁地将代码集成到主干，目的是让产品可以快速迭代，同时还能保证高质量。它的核心措施是代码集成到主干之前必须通过自动化测试，只要有一个测试用例失败，就不能集成。

17.2 Jenkins 工具

Jenkins 是一个开源的、具有友好操作界面的持续集成工具，主要用于持续、自动地构建/测试软件项目、监控外部任务的运行。使用 Java 语言编写，可在 Tomcat 等流行的 Servlet 容器中运行，也可独立运行。

示例 1：你们的集成工具用的哪个？为什么选择它？

解答：项目组使用的集成工具是 Jenkins，它是一种使用 Java 编程语言编写的开源持续集成工具，用于实时测试和报告较大代码库中的孤立更改，可以使开发人员能够快速找到并解决代码库中的缺陷，自动进行构建测试。

示例 2：如何在 Jenkins 中创建备份和复制文件？

解答：创建备份需要定期备份 JENKINS_HOME 目录，包含所有构建作业配置、从属节点配置和构建历史记录。要创建 Jenkins 的备份，只需复制此目录，还可以复制 job 目录或重命名目录。

示例 3：什么是 Jenkins 节点？

解答：节点是 Jenkins 任务执行的具体环境，通常来说，安装 Jenkins 这台服务器默认就是一个主节点，也称为 master，其他相对于这台安装 Jenkins 的机器都称为从节点，也称 slaves。

示例 4：为什么要配置节点？

解答：同一时间需要多台机器来执行 Jenkins 任务，比如需要将产品部署到 10 台服务器，那么这 10 台服务器必须纳入 Jenkins 管理的节点才可以通过 Jenkins 管理。在测试中，特别是系统兼容性上的测试是特别实用的，比如需要测试 Mac OSX 系统和 Windows 系统，为了满足测试任务的需要就需要配置不同操作系统的节点。

第 4 篇

术 篇

第 **18** 章

其 他 问 题

在技术面试过程中，面试官除了对候选人的基础知识询问之外，还会结合实际工作、项目经验、团队协调等方面进行提问，这些问题可能是面试官事先准备好的了解方面，也有可能是与候选人聊天时忽然想到的问题，候选人针对这些问题要沉着应对。遇到问题后先经过自己的大脑思考一下，然后有理有节地回答。

18.1 软件安全性测试

软件安全就是使软件在受到恶意攻击的情形下依然能够继续正确运行及确保软件被在授权范围内合法使用。在所有类型的软件测试中，安全测试可以被认为是最重要的。其主要目的是在任何软件（Web 或基于网络）的应用程序中找到漏洞，并保护数据免受可能的攻击或入侵者。由于许多应用程序包含机密数据，需要被保护以防泄露。软件测试需要定期在这样的应用程序上进行，以识别威胁并立即采取行动。

示例 1：软件的安全性应从哪几个方面去测试？

解答：

- 用户认证机制，如数据证书、智能卡、双重认证、安全电子交易协议。
- 加密机制。

- 安全防护策略，如安全日志、入侵检测、隔离防护、漏洞扫描。
- 数据备份与恢复手段，如存储设备、存储优化、存储保护、存储管理。
- 防病毒系统。

示例2：什么是SQL注入（SQL injection）？

解答：SQL注入是黑客获取关键数据的常用攻击技术之一，就是攻击者把SQL命令插入Web表单的输入域或页面请求的查询字符串，欺骗服务器执行恶意的SQL命令。在某些表单中，用户输入的内容直接用来构造（或者影响）动态SQL命令，或作为存储过程的输入参数，这类表单特别容易受到SQL注入式攻击。黑客可能会利用它来获取未经授权访问用户的敏感数据：客户信息、个人数据、商业机密、知识产权等。

示例3：什么是XSS？

解答：XSS（跨站点脚本）是黑客用来攻击Web应用程序的漏洞类型，通常指的是利用网页开发时留下的漏洞，攻击者通过篡改网页、嵌入恶意脚本程序，在用户浏览网页时控制用户浏览器进行恶意操作的一种攻击方式。这些恶意网页程序通常是JavaScript，实际上也可以包括Java、VBScript、ActiveX、Flash或者普通的HTML。攻击成功后，攻击者可能得到包括但不限于更高的权限（如执行一些操作）、私密网页内容、会话和cookie等各种内容。

示例4：什么是CSRF攻击？

解答：CSRF（跨站点请求伪造），指攻击者通过跨站请求，以合法的用户身份进行非法操作。也可以这么理解CSRF攻击：攻击者盗用你的身份，以你的名义向第三方网站发送恶意请求。CRSF能做的事情包括利用你的身份发邮件、发短信、进行交易转账，甚至盗取账号信息。

示例5：什么是文件上传漏洞？

解答：文件上传漏洞指的是用户上传一个可执行的脚本文件，并通过此脚本文件获得执行服务器端命令的能力。许多第三方框架、服务都曾经被爆出文件上传漏洞。防范文件上传漏洞的方法是设置文件上传的目录为不可执行。

（1）判断文件类型。在判断文件类型的时候，可以结合使用MIME Type、后缀检查等方式。因为对于上传文件，不能简单地通过后缀名称来判断文件的类型，因为攻击者可以将可执行文件的后缀名称改为图片或其他后缀类型，诱导用户执行。

（2）对上传的文件类型进行白名单校验，只允许上传可靠类型。

（3）上传的文件需要进行重新命名，使攻击者无法猜想上传文件的访问路径，将极大地增加攻击成本，同时shell.php.rar.ara之类的文件因为重命名而无法成功实施攻击。

（4）限制上传文件的大小。

（5）单独设置文件服务器的域名。

示例 6：什么是 DDos 攻击？

解答：DDos 是客户端向服务器端发送请求链接数据包，服务器端向客户端发送确认数据包，客户端不向服务器端发送确认数据包，服务器一直等待来自客户端的确认。没有根治的办法，除非不使用 TCP。以下是预防 DDos 攻击的一些措施：

（1）限制同时打开 SYN 半链接的数目。

（2）缩短 SYN 半链接的 Time out 时间。

（3）关闭不必要的服务。

示例 7：什么是渗透测试（Penetration Test）？

解答：渗透测试是通过模拟恶意黑客的攻击方法，试图通过手动或自动技术来评估系统的安全性。这个过程包括对系统的任何弱点、技术缺陷或漏洞的主动分析，是从一个攻击者可能存在的位置来进行的，并且从这个位置有条件地主动利用安全漏洞。此测试的主要目的是防止系统受到任何可能的攻击。

示例 8：为什么要进行渗透测试？

解答：进行渗透测试是防止系统受到任何可能的攻击，是非常重要的一项测试，主要有以下三点原因：

（1）由于攻击的威胁总是可能的，黑客可以窃取重要数据，甚至使系统崩溃，因此系统中的安全漏洞和环路漏洞可能非常昂贵。

（2）不可能一直保护所有的信息。黑客总是会带来新的技术来窃取重要数据，测试人员需要定期执行测试以检测可能的攻击。

（3）渗透测试通过上述攻击来识别和保护系统，并帮助组织保证其数据安全。

示例 9：列举一些可能导致软件系统存在漏洞的因素。

解答：造成漏洞的因素有：

（1）设计缺陷：系统中存在允许黑客轻易攻击系统的环路漏洞。

（2）密码：如果黑客知道密码，那么他们可以很容易地获得信息。应严格遵守密码政策，以尽量减少密码被盗的风险。

（3）复杂性：复杂软件可以打开漏洞的大门。

（4）人为错误：人为错误是安全漏洞的重要来源。

（5）管理：数据的管理不当会导致系统中的漏洞。

18.2　问题定位

一个测试人员不仅要发现问题，也要对问题进行分析，具备问题基本定位的能力。在工作中遇到问题不要怕，要分析问题是由于什么引起的，找到根本原因，对症下药。解决问题和修复缺陷是一样的，只有从根本上解决了，才能乐观地面对工作。

示例 1：发现 BUG 后，如何判断是前端还是后端引起的？

 这是一个高频被提问的问题。

解答：前端一般是指界面的渲染和简单的逻辑判断，而数据的展示通常是通过调用后台的一个接口发送请求，根据后台返回的数据渲染到页面上。所以，判断 BUG 属于前端还是后端主要是通过调用接口发送请求，根据响应结果进行判断。如果前端已经把数据发送给了后端，后端接到请求后没有返回相应的结果或返回的结果异常则是后端出了问题；如果前端在用户输入数据后发送的请求没有带数据或发送的请求数据与用户输入的不一致，又或者后端已经返回了数据但前端展示异常，则为前端问题。

示例 2：你在工作中遇到过哪些问题，最后是怎么解决的？

 此问题考察的重点不是遇到过的问题，而是解决问题的思路、解决后的收获。

解答：遇到的问题是开发的软件质量太差，基本功能都未实现就进行提测。解决方法是针对目前的问题向测试主管反映，然后和项目经理、研发主管进行沟通，在规定的时间内重新提测，并要求开发人员在提交测试版本之前进行必要的自测，提高冒烟测试通过率。在版本发布后进行总结时，规范流程，在提测之前开发人员必须进行自测，确保基本功能的实现，后来也考虑过使用测试驱动开发的模式先完成 API 测试，在提测时使用 API 测试进行验证，但是由于成本等因素的考虑没有采用。

示例 3：Web 页面出现了空白，应该怎样排查并定位问题？

通过此问题可以考察求职者思考问题的条理性，不能只凭经验或者理论知识随便列举几个可能性，那样会被认为是有这方面的基础但没有做到独立思考。应对此问题应该对思考过程进行讲解，然后添加用到的工具以及期望的结果，让面试官觉得自己是一个会思考、能独立解决未来不确定问题的人。

解答：先确保自己的测试环境及数据的正确性，比如确保网络畅通、URL 输入正确。然后打开开发者模式，查看源码的输出、请求的内容和请求返回值，通过源码的显示、HTTP 状态码、返回的数据等检查具体是后端还是前端的问题。如果是后端问题，那么查看程序日志等确定问题；如果是前端问题，那么根据给出的 JS 异常、元素是否被隐藏等之类的提示进行定位问题。

18.3 推诿问题

推诿问题经常发生在开发人员与测试人员之间，通常围绕的是 BUG 是不是问题，涉及沟通协调、解决问题的能力，所以备受面试官的青睐。

示例：当你发现一个 BUG 后，开发人员却说不是 BUG，该如何应对？

解答：在提交 BUG 的之前，我会根据需求文档确认提交的 BUG 确实是 BUG。如果提交的 BUG 还是与开发人员有出入，那么首先用需求文档与开发人员进行说明，也有可能是与开发人员的理解不一致出现的差异，这时与产品经理再次进行确认，最终确认 BUG。

18.4 线上问题

软件测试可以提高产品质量，但是不能百分之百避免线上的问题。通过对线上问题的解决可以考察一个人的临时应变能力。

示例 1：在正式环境中发现了一个 BUG，应该如何处理？

解答：在正式环境中发现的 BUG 一般有两种情况：测试人员漏测和环境影响。当接到正式环境出现 BUG 后，首先需要在测试环境中确认，如果确定是系统的 BUG 则提交 BUG 报告，根据 BUG 的级别与相关人员进行沟通，什么时候修复，什么时候发布版本对应。如果不是系统的 BUG，那么可能是环境中某些东西影响的，则可与运维人员、开发人员等进行沟通，找到问题原因，然后进行修复。

示例 2：产品上线后，你接到一个用户的抱怨信息，但是你又不能解决该问题，你会怎么处理？

解答：应对此情景，需要弄清楚用户为什么抱怨、问题在哪里，解决用户当前遇到的问题。如果是系统功能业务问题，记录此问题，并且向领导反映，快速应对问题。如果是系统设计或 UI、易用性等问题，记录此问题，向产品经理、领导进行反映，以便在下一个版本优化。同时总结经验，在测试的时候注意此方面的测试或采用易用性、UI 等方面的建议。

18.5 其他问题

示例 1：开发人员老是犯一些低级错误怎么解决？

 开发人员老是犯一些低级错误，这种现象在开发流程不规范的团队里比较常见，对一些应届毕业生也是在所难免的，遇到这种问题可以从三方面入手，即规范开发流程、加强测试和人员自检。

解答：可以从三个方面入手。一方面从开发管理规范入手，制订规范的开发流程，甚至可以制定惩罚制度，然后加强软件开发的设计，明确需求。另一方面加强测试，具体做法就是加强开发人员的自己测试，把这些问题"消灭"在开发阶段，测试人员也需要加强测试，发现更多的潜在问题。最后一方面加强人员自检，通过规范的缺陷管理来对开发人员进行控制，比如测试部门整理出常见的缺陷，让开发人员自己对照进行检查，以减少类似的低级错误发生。总体来说，开发人员犯错是常见现象，测试人员一定不能有所抱怨，要认认真真地对软件进行测试，解决问题，保障软件质量。

示例 2：现有一个程序在 Windows 上运行得很慢，怎么判断是程序的问题还是软硬件系统的问题？

解答：可以从以下几个方面进行检查。

- 检查系统是否有中毒的特征，如浏览器窗口连续打开、系统中文件图标改成统一图标、CPU使用率保持90%以上、某不知名文件一直不能删除等。
- 检查软件/硬件的配置是否符合软件的推荐标准。
- 确认当前的系统是否是独立的，即没有对外提供什么消耗CPU资源的服务，如虚拟机运行。

- 如果是 C/S 或者 B/S 结构的软件，需要检查是不是由于与服务器的连接有问题或者访问有问题造成的。
- 在系统没有任何负载的情况下，查看性能监视器，确认应用程序对 CPU/内存的访问情况。

示例 3：软件评审一般由哪些人参加？其目的是什么？

解答：软件评审由用户、客户或有关部门开发人员、测试人员、需求分析师等参加，评审阶段不同，参与的人员不同。软件评审是在正式的会议上将软件项目的成果（包括各阶段的文档、产生的代码等）提交给用户、客户或有关部门人员对软件产品进行评审和批准。其目的是找出可能影响软件产品质量、开发过程、维护工作的适用性和环境方面的设计缺陷，并采取补救措施，找出在性能、安全性和经济方面的改进方法。

示例 4：阶段评审和同行评审有什么区别？

解答：阶段评审是为了确保产品方向正确、具备良好的可行性，通常设置在关键路径的时间点上，评审模块和阶段作品的正确性、可行性及完整性，一般参与评审的人员都有很强的系统级评测能力。同行评审主要是验错，维度更低，一般一个 MVP 产品产生之前就能进行部分内容的评审。二者其实就是维度的差异，从某种程度上可以理解成设计评审和执行评审。

示例 5：谈谈软件测试在企业中的地位。

解答：软件测试实施时有两种角色，即 QC（Quality Control，质量控制）和 QA（Quality Assurance，质量保证）。QC 主要负责按照产品需求进行逐项确认，主要是确认一个具体产品的质量特性；QA 维度更高，需要监督整个项目的研发流程，及时发现风险点和不利于项目进行的问题并推进处理。最终的工作目标是使任意一个项目在这个研发体系中，即使不同的人员参与，产品质量也会有基本相同的保证。从这两个角度看，软件测试在企业中扮演的角色应该是产品质量的守门员和检查者，同时也可以是企业研发流程的修理工甚至是设计师。

示例 6：开发人员延期提测，测试时间不够用，应该如何解决？

解答：这种情况很常见，通常有三种解决办法：一是通过晚点下班、周末加班等来增加测试时间；二是和项目经理或测试经理进行沟通，说明情况，从其他部门借调人员来临时帮助执行测试用例；三是与项目经理沟通，通过与客户协调延长测试时间，以保证软件的质量。如此时间还是紧张的话，在执行测试用例时先执行优先度高的、影响用户大的功能模块，保障重要的先完成。

示例 7：你们的项目迭代周期一般是多长时间？

解答：我们的项目已经做了三年，目前是一个月发布一次大版本，每周都修复一些线上问题，周四晚上进行小版本发布。有时候会上线一些大的功能，两个月会发布一次版本。并且会根据功能和修改缺陷的时间进行预估，基本上一个月一次新功能上线，一周一次问题修复。

示例 8：你们的项目共有几套环境？

 环境可以根据不同阶段、不同类型进行划分，比如开发环境、测试环境、用户验收环境和线上环境。按照测试类型也可以有功能测试环境（如果项目比较大，可能就会有几套环境）、自动化测试环境、性能测试环境等。

解答：我们公司有多套环境，包括开发环境、功能测试环境、UI 自动化测试环境、API测试环境、性能测试环境和线上环境。其中，开发环境用来进行开发和冒烟测试，性能测试环境一般不太常用，只有在做性能测试的时候才会启用。

示例 9：你们的结构化系统测试和功能性系统测试分别采用了哪些方法和技术？

解答：我们的结构化系统测试技术用于验证所开发的系统及程序的运行情况，目标是确保产品设计在结构上合理、功能上正确。功能性系统测试用于确保系统需求与定义都得到满足，该过程通常包含创建用于评价应用程序正确性的测试条件。

结构化测试技术主要有压力测试、执行测试、恢复测试、操作测试、一致性测试和安全性测试。功能性测试技术包括需求测试、回归测试、错误处理测试、人工支持测试、系统间测试、控制测试和平行测试。

示例 10：简单地讲一下你对软件测试中八二原则的理解？

解答：八二原则指的是 80% 的软件缺陷常常生存在软件 20% 的空间里。在测试工作中，能够发现和避免 80% 的软件缺陷，此后的验收测试等能够帮助我们找出剩余缺陷中的 80%，最后 5% 的软件缺陷可能只有在系统交付使用后用户经过大范围、长时间使用才会暴露出来。按照测试方式来说，80% 的缺陷是通过手工测试发现的，而 20% 的缺陷是通过 UI 自动化、API 自动化等自动化测试发现的。由于手工测试和自动化测试之间具有交叉的部分，因此尚有 5% 左右的软件缺陷需要通过其他方式来发现和修正。

示例 11：一个软件程序测试完成后，能做到零缺陷吗?

解答：软件程序永远不可能做到零缺陷，主要有以下原因：

- 完全测试比较耗时，时间上不允许。
- 完全测试的开展意味着投入大量的资源，但是现实中往往是行不通的。
- 输入量太大，不能一一进行测试。
- 输出结果太多，只能分类进行验证。
- 软件实现途径太多。
- 软件产品说明书没有客观标准，从不同的角度看，软件缺陷的标准不同。
- 有些概率事件，在有限的资源下是不能得到验证的。

第 19 章

面试官谈面试

与面试官面对面，了解面试官是怎样考察候选者的。这里邀请了几位互联网公司的测试经理、项目经理，让他们讲述一下是怎么筛选候选者的。由于本书主要是针对初级、中级测试工程师来分析面试过程，因此本章内容主要是对手工功能测试工程师进行的一个面试官方位的解析。

19.1 腾讯面试官谈面试

腾讯一般会经过四轮面试：第一轮面试一般由项目能力比较强、阅历比较丰富的同事进行，主要考察基础知识、技能掌握、代码等；第二轮面试由直系 leader 进行，主要考察专业知识、工作经历、项目情况；第三轮由技术总监或项目经理进行，主要考察候选人的专业知识、潜在能力、个人素养；第四轮面试也是最后一轮面试由 HR 进行，主要考察候选人的潜力、软性素质、个人情况。我主要对候选人进行第一轮面试。

首先考察的是基础技能，要求测试基础掌握扎实，测试用例设计覆盖率 60%以上，测试思路清晰，项目熟练度掌握较高，沟通比较好，在测试方面最好有自己的理解，尤其是测试用例设计覆盖率，这里不单指功能方面。测试思路很重要，中级的话在此基础上用例设计覆盖率要达到 80%，除掌握基础工具的使用（如接口测试工具或自动化工具），还要理解出现的问题并给出解决方案。思路上面也会出很多场景题，以观察候选人是否有发散性思维。

还会考察对面试细节的重视程度和面试态度。

其次就是性能测试、安全测试，对常见的一些测试工具的掌握，更重要的是对工作经验的确认。如果自动化测试熟悉就聊自动化测试方面的相关知识，如果手工功能测试熟悉就谈黑盒测试，涉及的范围会比较广，包括：

- 基础知识：测试方法，项目中的流程，使用的抓包工具。
- 专业知识：如果是涉及云服务的，就询问Linux运维、OS操作、数据库查询等内容。
- 编程语言：会针对一门语言（比如Java、Python），询问一些数据结构，现场写一些算法等。
- 性能方面：主要有工具的使用，例如Jmeter，场景的设计，发现的问题等。
- 其他知识：也会问候选人一些其他的问题，比如环境搭建、项目组人员架构等。

因为面试不只是技能的了解，还是对工作态度的了解，有时觉得候选人还不错，技能掌握得也不错，就会多聊一会儿，当然也会隐晦地表达认可，比如谈及我们的工作强度、进入公司后的工作责任。总体来说，重点是了解候选人掌握的内容，不太熟悉的知识会潦草地用一两个问题结束，熟悉的会深入了解掌握的程度。

19.2　京东面试官谈面试

在京东从事测试工作，不但需要掌握基础的测试知识，还需要掌握开发人员的一些技能，因此在面试候选人时我主要从五个方面进行，分别是：Linux 系统中的常用操作、基本的 SQL 语句、编程语言和思想、测试知识和思维逻辑。在这几个方面中，我会结合实际项目中遇到的一些问题进行提问，有时即使候选人没有说出准确的答案，但是思考问题的方式方法表达得很清楚，离正确答案很近，那么我也会认为候选人回答正确。

在考察 Linux 常用操作中会提出两三个问题，这些问题大部分会围绕自己在排查问题中用到的基本操作。例如，怎么查看当前系统有哪些进程，如果某一个进程名为 abc，那么怎么只查看该进程的信息。在排除问题中经常会查看日志文件，例如有时会遇到某个日志文件的 CPU 使用了百分之百，但是删除该日志文件（删除成功）后 CPU 的使用还是百分之百，为什么会出现这种情况？考察的问题不会太难，但都是常见的一些问题和操作。

接下来考察 SQL 语句时，如果候选人在之前的项目中用到则会根据项目中的内容进行考察，如果没有用过，则会随机给一张数据表，写一些数据表的查询，当然不会是简单的增删改查，但也不会太深。举个例子，有一张学生表，其中有姓名、科目（数学、语文、英语）、成绩三列，查询出姓名中含有"静"的学生信息，考察模糊匹配；查询出各科目都大于 80 分的学生，考察分组查询。

　　SQL 语句考察完后会考察编程能力，如果候选人所熟悉的语言是我所熟悉的，就会让候选者现场写一些代码，比如都熟悉 Python，那么可能会问一些深拷贝与浅拷贝、垃圾回收机制的问题，写一个快排函数。如果候选人所熟悉的语言是我所不熟悉的，那么会重点让候选者说一些思想，比如快排原理、自动化测试模型。

　　常用的技能考察完成后会询问一些测试知识，比如测试流程、V 模型、测试用例设计方法。这些内容考察完后会出一道思维逻辑题，一方面考察思维逻辑，另一方面考察测试的基本能力。例如，有 1000 瓶酒和 10 只老鼠，其中一瓶酒有毒，每只老鼠可以喝无限多的酒，如何测一次就找出哪瓶酒有毒。

　　在整个面试过程中，从 Linux 操作、SQL 语句、编程语言、测试知识和思维逻辑五个方面进行展开，以项目或者候选人的实际阅历经验为基础进行。

19.3　某外派公司面试官谈面试

　　非常高兴被 Tynam 邀请谈谈作为一个面试官是怎么对候选人进行筛查的。当我拿到一个候选人的简历后，会先对他的教育背景、是否有过培训、掌握的技能、工作经验、项目经验、兴趣爱好做初步了解，评估技能的基本匹配性，而后再在实际交流中深入了解。

　　在面对面的交流中重点考察项目实战，这是对候选的人工作经验、项目经验、技能经验进入深入了解阶段，主要根据参与深度、理解能力、逻辑思路、团队协作性、实际技术能力、研发综合能力、技能发现意向等几个方面进行考核。例如，看你简历中写了已经工作两年，参与了三个项目，就说说你最熟悉的一个项目，从候选人的项目描述中可以知道对项目的了解深度，也可以从表达中感觉出逻辑思维。在描述完项目后会紧接着抛出一个项目测试的问题：你在项目中遇到过哪些问题、是怎么解决的，或者说一说你提过最有意义的一个 BUG？了解了以上内容后再提出一个类似于如果你认为是 BUG 但是开发人员认为不是 BUG 的问题，考核候选人的临时应变能力和团队中其他人员的协作能力。这部分内容的考核核心是你在项目组中扮演什么角色、任务是什么、遇到过哪些问题，对于这些问题你是怎么思考和解决的，结果是什么。这部分也会作为整个面试过程的重点进行。

　　接下来考核一些候选人的技能，比较细节的提问，例如在 Linux 系统中查看日志文件的命令。编辑一个文件的操作命令，依次按哪些键。随手给一个数据表，现场写一些简单的

SQL 语句，比如有一个学生表，有姓名、性别、年龄、成绩几个字段，写一条查找语句、添加语句、改变某值语句。

最后会对候选人的个人情况进行询问，这部分只是简单地了解，占比最低，一般是一两个问题，例如会询问短期内你会怎么提升自己、你从上家离职的原因。

面试结束后会给候选人一个提问的机会：你还有什么需要了解的吗？

19.4　某创业型公司面试官谈面试

在对候选者进行筛选中，我主要会从三个方面进行考察：基本素养、掌握的技能和与本职位的匹配度。

第一方面是基本素养，比如沟通能力、解决问题的能力，做事情的主动性、学习力、求知欲等。在考察中会以测试基本理论、常用测试工具等为主展开，例如谈谈测试流程、测试用例的设计方法有哪些、测试计划包含哪些内容、有什么作用、BUG 的分类、BUG 管理工具、风险预警和风险把控、测试报告内容等。

第二个方面是简历中的技能和项目，首先会根据简历中描述的内容进行了解，其次在了解过程中会根据回答对某些知识点进行详细询问，从而知道候选者对此知识点掌握的深度。技能方面会先做一个了解，然后给出一个场景进行现场验证。例如，简历中描写精通测试用例的设计，那么会对测试用例的设计方法进行考察，然后给出一个实物或功能页面进行测试用例的设计，比如给你一个登录页面，你会怎么设计此测试用例。项目方面会先了解项目中的一些知识，然后根据项目了解测试工作的开展。例如，简历中写了做过 xx 项目，就会对此项目的一些细节点进行了解。然后结合项目了解其测试工作的开展，例如：在对项目进行测试过程中遇到过什么问题，你是怎样解决的？做过哪些测试工作的改进或质量管理的事情？最后会针对回答的细节考察一些目前比较前沿的思想，比如测试金字塔模型、测试左移思想、测试右移思想等。

第三方面是根据公司对本职位的需求能力进行了解，清楚面试者与本职位的匹配度。例如我们是敏捷项目管理，需要对 MySQL、Linux 有一定的掌握，那么我就会询问候选人之前做过的项目是否使用过敏捷项目管理，和传统的项目有什么区别，用到了敏捷的哪些工具，以及如何拆分 story、如何划分 sprint 等。然后考察一些 SQL 语句和 Linux 命令。最后出于项目和团队的考虑，会更深地了解候选人的一些技能或个人规划。例如自动化测试方面，包括 UI 自动化测试、接口自动化测试、自动化工具测试等，会了解测试用例设计原则、框架如何设计和项目如何结合，以及一些细节问题。性能方面主要考察性能的完整场景，如你自己做过的项目是如何设计性能方案的、数据是怎么确定的、如何分析的、关注的指标有哪些、遇到问题如何解决的等。个人方面会了解个人职业规划、换工作的意图，遇到了什么问题，你想要团队、公司给你带来什么？

总的来说，从基本素养、掌握的技能、经历经验和与本职位的匹配度这几个方面进行考察，经过30～40分钟的考察，基本就可以确定候选人是否可以融入团队、满足本职位的需求。

19.5　某服务型公司面试官谈面试

公司服务的产品种类有多种，业务也比较繁杂，比如直播、国际快递、社区服务等项目。在面试上主要关注的是候选人的测试业务逻辑思维，要划分比重的话，可以占到百分之四十。

面试一共有三轮，第一轮由资历比较合适的员工进行，这轮面试中主要考查 SQL 语句，以基础的增删改查为主，如果候选人可以从容应对，会加深难度，添加左右关联、主外键、索引等问题。然后随机给出一两个测试用例设计的问题，类似登录页面、电梯等的用例设计。最后考察主流工具的使用，比如 Redis、Nginx 等。第二轮面试由小组领导进行，主要是脚本编写，脚本主要根据候选人熟悉的语言进行，因为公司开发的程序基本都是由 Java 编写的，所以希望看候选人熟悉的语言也是 Java 语言，以基础的编程为主，例如冒泡排序；然后是测试环境的搭建，因为公司内部版本迭代，环境的搭建都是由测试人员进行的，在此方面还是希望候选人有点基础；最后了解接口、自动化测试等方面的知识，例如接口测试用例怎么编写、常见的框架熟悉程度，有时还会询问一些性能相关的知识点。第三轮由项目经理面试，主要考察表达能力和综合能力，更多会偏向团结同事、高情商的问题，例如最近在读什么书，对你的工作有什么帮助，如果项目经理觉得候选人还不错，会和候选人多聊两句，比如目前团队测试人员的构成、版本迭代、日常工作等情况。下面列出几条招聘信息中会要求到的、面试中必会考察的内容：

- 熟练掌握软件理论基础。
- 精通Java/Python/Go中任意一种语言，有丰富的编程经验、熟悉相关框架。
- 熟悉Jmeter/Locust等性能测试工具，熟练掌握自动化测试技术。
- 了解关系/非关系型数据库，MySQL、Redis、Mongo、ES等。
- 良好的Linux基础，熟练使用Shell语言。
- 熟练使用Git工具。
- 熟练使用Jenkins工具，有持续集成经验。

- 学习能力强，工作积极主动，有较强分析和解决问题的能力，逻辑思维清晰。

19.6　某区块链公司面试官谈面试

区块链作为近几年比较火的产业，在软件测试方面与传统的软件测试有些许差别，但面试时和其他公司没有太大的区别。首先是一个候选人的自我介绍，然后就是介绍之前所做的一些项目，介绍自己做项目的一个经过，如果项目内容介绍得不错，会问一些关于产品业务逻辑方面的问题以及自动化、性能测试相关的问题。业务逻辑中更多地会了解候选人一些实际的测试案例，比如在测试中如果出现了某些问题，该如何去检查、去测，怎样找出这个问题的所在，是前端还是后端引起的，一般功能测试的话会比较注重业务逻辑方面。在此期间会了解数据库的掌握，数据库这方面是必须是要问的，因为在项目的测试过程中必会涉及数据库的操作。自动化测试和性能测试方面会根据候选人熟悉的工具来了解具体的细节问题，但多数情况还是偏重思想方面和解决问题的能力。整个面试下来后，会根据以下优先级考虑候选人：

- 逻辑思维能力，条理性。
- 测试技术，理论基础和实际经验。
- 沟通表达能力。
- 在某行业或某领域有深入的钻研，有独特的见解。
- 稳定性，也是流动性，换工作的频率，原则性上一家公司需要在两年以上。
- 职业规划，主要看重的是短期规划，包括工作上和生活上。
- 优劣势，此方面主要是和其他面试者做对比。

除此之外，还会有一些加分项：

- 测试知识的分享，例如博客大V、书籍出版、文章发布等。
- 有安全方面的测试经验。
- 有开发经验。

加分项不只是加分内容，有时会起决定性作用，在以往的面试招聘中就出现过加分项起到关键性作用的：一位是六年测试经验者，具有丰富的测试经验，也熟悉多种测试框架；另一位是四年测试经验者，出版过测试方面的图书，GitHub 上也有自己开发的一些程序，理论非常丰富，但是实际操作经验较少。最后还是选择了四年测试经验者加入公司，原因很简单，就是理论丰富，值得花费更多的时间培养，将来的产出大。

战篇

第 20 章

面 试 真 题

20.1 HR 面试题

20.1.1 某大型互联网公司 HR 面试真题

（1）有没有家属或朋友、同学在 BAT 工作？

（2）有没有患过重大疾病、精神疾病、心理疾病？

（3）有没有亲属在深圳？

（4）大型互联网公司在很多城市都有办公地点，你意向工作城市是哪儿？

（5）除了来 BAT 面试，还去过哪些公司？

（6）为什么想来 BAT？

（7）你的职业规划是怎么计划的？

（8）你对互联网现状有什么看法吗？

（9）在学校期间都参加过哪些竞赛，担任了什么角色，成绩如何？（应届生）

（10）大学这几年是怎么学习的？（应届生）

（11）有没有测试的什么经验？（应届生）

（12）如果来实习，你住的地方怎么解决？大概什么时间可以入职？（应届生）

（13）实习时间到了之后，能否延期结束？（应届生）

（14）你觉得自己是个什么样的人？

（15）你觉得你最大的缺点是什么？

（16）你觉得你上家公司怎么样？

（17）你对未来同事、老大、团队、公司有什么期望？

（18）如果领导给你一些资料看，然后你看不懂，老大又非常忙，你该怎么办？

（19）你觉得在公司里什么样的事情会让你很有成就感？

（20）你从上一个项目中都学到了什么？做过的项目、积累的经验对你目前应聘的岗位有什么帮助？

（21）都玩过哪些游戏？

20.1.2　某金融公司 HR 面试真题

（1）请做一下自我介绍。

（2）简单地介绍一下你做过的项目。

（3）你有两年工作经验，但是为什么一年换一次工作？

（4）这次为什么换工作？

（5）有没有和开发人员意见出现分歧的情况，是怎么解决的？

（6）你的职业规划是什么？

（7）我们这个职位是需要出差的，能接受吗？

（8）你还去过哪些公司面试？

（9）社团活动中你扮演什么角色，具体负责哪些工作？（应届生）

（10）大学期间有什么让你印象深刻的？（应届生）

（11）说一下你实习时参与的项目。（应届生）

（12）你现在住在哪里，离这儿远吗？

（13）今天你感觉和面试官聊得怎样？

（14）你现在的薪资怎样，期望薪资是多少？

（15）假如这次招聘你未被录取，你今后会做哪些努力？

（16）你担任过什么社会工作?你喜欢去做一种常与陌生人会谈的工作吗?

（17）从一个熟悉的环境转入陌生的环境，你是否感到不适应?你能很快适应吗?

（18）领导交给你一个很重要但又很艰难的工作，你怎么去处理?

（19）你渴求什么样的成功?其决定因素有哪些?

（20）你对现在的同事和主管怎么看?你认为他们有什么优缺点?

20.1.3　某科技公司 HR 面试真题

（1）请简单做一下自我介绍。

（2）为什么没有从事本专业的工作转行去干测试工程师呢？

（3）上家单位工作好好的，为什么选择离职呢？

（4）感觉自己适合做测试工作吗？为什么？

（5）你们之前的公司主要做哪方面的业务？

（6）之前公司的薪资是多少？回西安的薪资要求是多少？

（7）现在找工作最看重的是什么？

（8）做好软件测试工程师必须要具备哪些素质？你觉得自己符合哪些？

（9）你如何看待超时工作、周末和休息日加班？

（10）你认为自知之明是否最重要?你的长处和短处是什么？怎样做到扬长避短？

（11）说一下个人的职业规划以及如何去实现这个计划。

（12）之前单位出差吗？对于出差怎么看？

（13）有没有什么问题想要问我？（人事+技术）

（14）你为何选择来我们公司工作？你对我们的公司了解些什么？

（15）对我们公司提供的工作有什么希望和要求？你为什么要应聘这个职位?（追问）你认为有哪些有利条件？还有哪些不利条件？怎么克服不利条件？

（16）你在生活中追求什么?近来个人有什么打算？

（17）如果你被录用，由于工作需要，领导（主管）把别人不愿做又瞧不起的工作交给你，这时你怎么办？

（18）请结合这次应聘，谈谈你在选择工作时都考虑哪些因素？

（19）你所要求的工作条件和待遇大致如何？如果相差很大，你怎么办？

（20）对你来说，赚钱和一份令人满意的工作，哪一个更重要？

（21）请谈谈你在上一家单位的工作情况和受到的奖励与惩处。

（22）在工作中你看到别人违反规定和制度，你怎么办？

（23）吸烟有害健康，但烟草业对国家税收有很大的贡献，对政府采取措施禁烟，各方有不同的看法，你对此如何看待？

（24）你工作很努力，也有许多成果，但你总是没有别的同事收入高，你怎么办？

（25）我们认为你的条件与其他人相比并没有很大的优势，你怎么说明你能做好这项工作？

（26）如果我们录用你，你认为最关键的是什么？

（27）在实际工作中，你的主张同事们非常赞同，而你的上司却不满意，这时你会怎么办？

20.2 笔试题

20.2.1 某外企公司真题

由于是美企，因此面试题均为英文，以下是翻译过后的题目。

（1）什么是回归测试？

（2）测试计划中都包括哪些内容？

（3）你是怎么帮助开发人员定位 BUG 的？

（4）设计题。根据下面的流程控制图，请覆盖所有的路径。

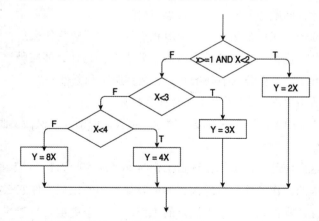

序　　号	X 值	预期结果
1		
2		
3		
4		
5		
6		
7		

（5）根据下面的要求写出对应的 Linux 命令。

① 显示所有的文件，包括当前路径下的隐藏文件。

② 更改"Test"文件下所有的文件权限。

③ 将所有的 Java 语言文件程序复制到"Test"路径下。

④ 查看网络状态。

⑤ 一个进程中包括关键字"aaa"，请查找出该进程的端口号。

（6）数据库。

S：SID、SN、SD、SA 分别代表学号、学员姓名、所属单位、学院年龄。

SID	SN	SD	SA

C：CID、CN 分别代表课程编号、课程名称。

CID	CN

SC：SID、CID、G 分别代表学号、所选修的课程编号、学习成绩。

SID	CID	G

① 查询选修课程名称为"MATH"的学员的学号和姓名。

② 把学员"TOM"的课程名称为"MATH"的成绩改为 78 分。

③ 删除学员"TERRY"的课程名称为"CHINESE"的成绩。

（7）填写下面的空白，一个三位数可被 4 整除且最后一位数为 8。

```
Public class Test
{
    Public static void main(string args[])
    {
        int num = 0;
        for(__,__;i++)
        {
            if(__&&__)
            num++;
            System.out.printLn("Total"+num+"three-digit")
        }
    }
}
```

（8）编程题。

用编程语言（Java，Python 或者 C++）等写一个函数，已有一个排序好的数组，要求输入一个数，按排序的规律将它插入数组中。

20.2.2　某服务型公司真题

一、单选题

（1）软件是指（　　　）。

A. 程序   B. 程序和文档
C. 算法加数据结构   D. 程序、数据和相关文档的集合

（2）在软件开发中，需求分析阶段产生的主要文档是（　　　）。

A. 可行性分析报告   B. 软件需求规格说明书
C. 概要设计说明书   D. 集成测试计划

（3）十进制数"67"的二进制数为（　　　）。

A. 11111   B. 1000011   C. 1000101   D. 1001001

（4）微机上能够直接识别和处理的语言是（　　　）。

A. 机器语言   B. 汇编语言   C. 高级语言   D. 甚高级语言

（5）以下各项哪个是主机域名的正确写法：（　　　）。

A. ORIGN.SJZRLEDU.CN   B. 1001111.11100011.0110010000001100
C. 202.210.198.2   D. WHO@XYZ. UVW.COM

（6）下列数据结构中，属于非线性结构的是（　　　）。

A. 循环队列   B. 带链队列   C. 二叉树   D. 带链栈

（7）下列数据结果中，能够按照"先进后出"原则存取数据的是（　　　）。

A. 循环队列   B. 栈   C. 队列   D. 二叉树

（8）一个栈的初始状态为空，现将元素 1、2、3、4、5、A、B、C、D、E 依次入栈，然后依次出栈，则元素出栈的顺序是（　　　）。

A. 12345ABCDE   B. EDCBA54321

C. ABCDE12345   D. 54321EDCBA

（9）软件设计中模块划分应遵循的准则是（　　　）。

A. 低内聚低耦合   B. 高内聚低耦合

C. 低内聚高耦合   D. 高内聚高耦合

（10）关于函数实现，正确的说法是（　　　）。

A. 为了代码简洁，函数尽量不做参数合法性检查

B. 执行不会失败或失败后没有影响时，公共基础函数的返回值也必须判断以简化代码

C. 当函数返回值定义成 VOD 时，函数可以不用 return

D. 返回值为操作成功时，输出参数的有效性应该得到保证

（11）以下叙述中错误的是（　　　）。

A. 在程序中凡是以 "#" 开始的语句行都是预处理命令行

B. 预处理命令行的最后不能以分号表示结束

C. # Define MAX 是合法的宏定义命令行

D. C 程序对预处理命令行的处理是在程序执行的过程中进行的

（12）下面不能够正确进行赋值的操作语句是（　　　）。

A. char s={"ABCDE"}   B. char s[5]={ 'A', 'B','C','D','E'}

C. char *s   D. S="ABCDE"

E. S=A   F. char *s

（13）当一个 IP 报文进入中间转发系统时，如果可以匹配多个路由条目，其最终将根据哪条路由转发（　　　）。

A. 优先级最高的路由   B. 根据掩码最精确匹配的路由

C. 出接口带宽最大的路由   D. 下一跳地址最大的路由

（14）下列技术中，（　　　）技术解决了传统以太网交换机由于广播泛滥而导致网络性能急剧下降的缺点。

A. VLAN   B. GARP   C. VLSM   D. STP

（15）IPV4 地址长度为 32 位，IPV6 地址长度为（　　　）。

A. 48   B. 64   C. 128   D. 256

（16）1080P 的分辨率、D1 的分辨率、Cif 的分辨率分别为（　　　）。

A. 1280×720 704×576 352×288   B. 1920×1080 704×576 352×288

C. 1280×1024 720×576 352×288   D. 1920×1080 720×576 352×288

（17）OSI 模型的第三层是（　　　）。

A. 网络层   B. 传输层   C. 会话层   D. 表示层

（18）测试边界的一般原则是建立三个测试用例覆盖，不包括以下哪种情况：（　　　）。

A. 边界值   B. 边界值的倍数   C. 边界值+1   D. 边界值-1

（19）100BASE-T4 的最大网段长度是（　　　）。

A. 25 米   B. 100 米   C. 185 米   D. 2000 米

（20）ARP 协议实现的功能是（　　　）。

A. 域名地址到 IP 地址的解析   B. IP 地址到域名地址的解析

C. IP 地址到物理地址的解析   D. 物理地址到 IP 地址的解析

（21）网络交换机工作在 OSI/RM 网络协议参考模型的数据链路层和（　　　）。

A. 物理层   B. 网络层   C. 会话层   D. 传输层

（22）在常用的传输介质中，带宽最小、信号传输衰减最大、抗干扰能力最弱的一类传输介质是（　　　）。

A. 双绞线   B. 光纤   C. 同轴电缆   D. 无线信道

（23）数据链路层上信息传输的基本单位称为（　　　）。

A. 段   B. 位   C. 帧   D. 报文

（24）如果 4 个矿泉水空瓶可以换一瓶矿泉水，现有 15 个矿泉水空瓶，不交钱最多可以换（　　）矿泉水。

A. 3 瓶　　　　　　　B. 4 瓶　　　　　　　C. 5 瓶　　　　　　　D. 6 瓶

（25）假如有 30 个通道，每个通道码流 4Mbps，计划保存 30 天，则存储空间大小为（　　）。

A. 19TB　　　　　　B. 25TB　　　　　　C. 38TB　　　　　　D. 50TB

二、多选题

（1）软件验收测试的合格通过准则是（　　）。

A. 软件需求分析说明书中定义的所有功能已全部实现，性能指标全部达到要求

B. 所有测试项没有残余一级、二级和三级错误

C. 立项审批表、需求分析文档、设计文档和编码实现一致

D. 验收测试工件齐全

（2）测试结束的标准是（　　）。

A. 用例全部测试　　　　　　　　B. 覆盖率达到标准

C. 缺陷率达到标准　　　　　　　D. 其他指标达到质量标准

（3）属于黑盒测试方法的是（　　）。

A. 测试用例覆盖　　　　　　　　B. 输入覆盖

C. 输出覆盖　　　　　　　　　　D. 语句覆盖

（4）使用软件测试工具的目的是（　　）。

A. 帮助测试寻找问题　　　　　　B. 协助问题的诊断

C. 节省测试时间　　　　　　　　D. 更好地控制缺陷，提高软件质量

（5）软件的缺陷等级包含（　　）。

A. 严重错误　　　　　　　　　　B. 一般错误

C. 较小错误　　　　　　　　　　D. 测试建议

（6）自协商技术是为了解决 10M（bps）、100M（bps）和 1000M（bps）网络的兼容问题。以太网运用了端口的自协商技术，主要是设备的端口和端口在连接过程中协商（　　）。

A. 速率　　　　　B. 广播风暴抑制　　　　C. 双工　　　　　D. MTU

（7）针对手机 APP 进行测试，需要考虑手机的哪些因素？（　　　）

A. 材质　　　　　B. 屏幕尺寸　　　　　C. 分辨率　　　　　D. 操作系统

（8）下列哪些属于无线组件？（　　　）

A. AP　　　　　B. 无线网卡　　　　　C. 无线网桥　　　　　D. PDA

（9）测试用例需要包括以下几个要素？（　　　）

A. 测试目的　　　　　　　　　　　　B. 测试环境

C. 测试数据　　　　　　　　　　　　D. 测试运行程序（脚本）

E. 预期结果　　　　　　　　　　　　F. 测试执行人员

（10）系统测试用例的编写原则有（　　　）。

A. 不需要考虑符合模板的要求　　　　B. 覆盖需求规格的所有测试点

C. 用例内容应和系统测试方案一致　　D. 要考虑各种输入输出条件和边界值

E. 要考虑性能、异常、恢复、可维护线等测试类型

三、判断题

（1）Linux 操作系统不限制应用程序可用内存的大小。（　　　）

（2）环回地址必须是 127.0.0.1。（　　　）

（3）主机的 IP 地址和主机域名的关系是一个域名可对应多个 IP 地址。（　　　）

（4）IP 地址分为 A、B、C、D、E 五类，其中 D 类为组播地址，C 地址的范围为 192.0.0.0 到 223.255.255.255。（　　　）

（5）二层交换机是工作在网络层的设备，而路由器是工作在链路层的设备。（　　　）

（6）视频监控、门禁控制和防盗报警都属于安防设备。（　　　）

（7）图像清晰度是一种主观感觉，可以定量进行测量，其与分辨率等同，相互之间有直接的换算关系。（　　　）

（8）TTL（Time To Live）表示该报文在网络中的有效存活时间，单位是秒。（　　　）

（9）所有变量使用前必须定义而且初始化，严禁将没有初始化的变量作为右值或者入参。（　　　）

（10）软件测试的目的是发现错误并改正错误。（　　　）

（11）只有当 α 测试达到一定的可靠程度时才能开始 β 测试，它处在整个测试的最后阶段。（　　）

（12）α 测试是由一个用户在开发环境下进行的测试，也可以是公司内部的用户在模拟实际环境下进行的受控测试。（　　）

（13）项目立项前测试人员不需要提交任何工件。（　　）

（14）代码评审员一般由测试员担任。（　　）

（15）测试人员要坚持原则，缺陷未修复坚决不予通过。（　　）

四、问答题

（1）如何测试银行 ATM 机的功能？从哪些方面进行设计？

（2）软件测试分为几个阶段？各阶段的测试策略和要求是什么？

（3）给你一个网站，你如何测试？

（4）一台客户端有 300 个客户与 300 个客户端有 300 个客户对服务器施压有什么区别？

（5）常用的测试用例设计方法有哪些？

（6）在你以往的工作中，一条软件缺陷（或者叫 BUG）记录都包含了哪些内容？如何提交高质量的软件缺陷（BUG）记录？

20.2.3 某创业型公司真题

（1）简述软件测试流程及在每个流程节点上测试人员需要做什么？

（2）测试用例设计，写出设计思路和测试点即可。图 20-1 所示是一个数据展示，并且有增删改查功能，如何设计页面测试用例？

图 20-1　数据展示

（3）系统有前后台，例如后台将 a 用户冻结，前台 a 用户登录，结果 a 用户能登录成功，如何提这个 BUG？分析 BUG 的原因。

（4）测试人员如何跟踪 BUG 处理进度？不同 BUG 状态下，测试人员应该做什么？

（5）有两张简易表，分别是学生表（student 表）、学生课程表（stu_course），具体如下：

学生表（student）

stuNo（主键）	stuName
6548470	张三
6548471	李四
6548472	王五

学生课程表（stu_course）

id(主键)	stuNo	course
1	6548470	语文
2	6548471	数学
3	6548472	英语

① 问题一：查询姓名叫"张三"的学生的选修课程信息。

② 问题二：查询所有学生选修的课程信息。

（6）验证用户登录功能中密码是否明文传输，可使用什么工具验证，如何进行验证？

（7）有一个微信小程序报名活动，有登录接口和报名接口，现在要对报名活动进行并发验证。① 登录和报名接口有哪些必要参数；② 使用测试工具（例如 Jemeter）如何处理报名和登录的接口依赖关系？③ 简述上述场景、并发设置的关键设置项。

要求：① 登录：账户/密码/wxid。报名：项目 id/userid。② 使用正则表达式。

20.2.4 某银行真题

一、单选题

（1）关于软件质量的描述，正确的是（   ）。

A. 软件质量是指软件满足规定用户需求的能力

B. 软件质量特性是指软件的功能性、可靠性、易用性、效率、可维护性、可移植性

C. 软件质量保证过程就是软件测试过程

D. 以上描述都不对

（2）为了提高测试的效率，应该（   ）。

A. 随机的选取测试数据

B. 取一切可能的输入数据作为测试数据

C. 在完成编码以后制订软件的测试计划

D. 选择发现错误的可能性大的数据作为测试数据

（3）单元测试一般以白盒测试为主，测试的依据是（　　）。

A. 模块功能规格说明　　　　　　　　　B. 系统模块结构图

C. 系统需求规格说明书　　　　　　　　D. ABC 都可以

（4）下列关于 alpha、beta 测试的描述正确的是（　　）。

A. alpha 测试需要用户代表参加　　　　B. beta 测试不是验收测试的一种

C. alpha 测试不需要用户代表参加　　　D. beta 测试是系统测试的一种

（5）测试设计员的职责有（　　）。

① 制订测试计划　② 设计测试用例　③ 设计测试过程，脚本　④ 评估测试活动

A. ①④　　　　　　B. ②③　　　　　　C. ①③　　　　　D. 以上全是

（6）按照风险设定测试用例的优先级并按照优先级顺序进行测试，符合测试的哪个基本原则？（　　）

A. 测试只能显示缺陷的存在　　　　　　B. 穷尽测试是不可能的

C. 杀虫剂悖论　　　　　　　　　　　　D. 缺陷集群性

（7）某个程序有 3 个输入参数 A、B、C，输入参数的有效条件是 A<=B 和 C>=B，如果应用程序等价类划分的技术只考虑单缺陷组合（无效等价类只能与有效等价类组合），如下哪组最适合做此程序的健壮性测试（用无效的数据进行的测试）？（　　）

a. A>B, C<B　　　　b. A>B, C>=B　　　c. A<=B, C>=B　　　d. A<=B, C<B

A. b，d　　　　　　B. a，b，d　　　　　C. a，b，c，d　　D. b，c

（8）银行汇票提票付款期限为（　　）。

A. 1 个月　　　　　B. 2 个月　　　　　C. 6 个月　　　　D. 2 年

（9）下列票据中没有保证关系的票据是（　　）。

A. 商业承税汇票　　B. 银行本票　　　　C. 转账支票　　　D. 银行承税汇票

（10）汇票出票行为中不属于必须记载事项的是（　　）。

A. 出票日期　　　　　　B. 收款人名称　　　　　C. 付款人名称　　　D. 到期日

（11）银行承兑汇票是由（　　）签发的。

A. 在柜台由柜员签发　　　　　　　　　　B. 由银行签发

C. 由客户经理代为客户签发　　　　　　　D. 由购买银承的客户签发

（12）单位银行结算账户的存款人可以在银行开立（　　）个基本存款账户。

A. 1　　　　　　　　　B. 2　　　　　　　　　C. 3　　　　　　　　D. 不限

（13）合格境外机构投资者在境内从事证券投资开立的人民币特殊账户应纳入（　　）管理。

A. 基本存款账户　　　　　　　　　　　B. 一般存款账户

C. 专用存款账户　　　　　　　　　　　D. 临时存款账户

（14）临时存款账户的有效期最长不得超过（　　）年。

A. 1　　　　　　　　　B. 2　　　　　　　　　C. 3　　　　　　　　D. 4

（15）存款人只能在银行开立一个（　　）账户。

A. 基本存款　　　　　　B. 一般存款　　　　　　C. 专用存款　　　　D. 临时存款

（16）单位定期存款可以提前支取（　　）次。

A. 1　　　　　　　　　B. 2　　　　　　　　　C. 3　　　　　　　　D. 4

（17）银行办理贴现业务时，如果承税人在异地，那么贴现期限以及贴现利息的计算应另外加（　　）的划款日期。

A. 3 天　　　　　　　　B. 5 天　　　　　　　　C. 7 天　　　　　　　D. 10 天

（18）以下哪种冻结方式的存款可以进行扣划处理？（　　）

A. 一般冻结　　　　　　B. 特殊冻结　　　　　　C. 法律冻结　　　　D. 其他冻结

（19）目前，对储蓄存款利息所得征收个人所得税，按（　　）的比例税率执行。

A. 0%　　　　　　　　B. 5%　　　　　　　　　C. 10%　　　　　　　D. 20%

（20）下列不属于小额支付系统主要处理业务范围的是（　　）。

A. 跨行同城纸质凭证截留的借记支付

B. 跨行异地纸质凭证截留的借记支付

C. 金额在规定起点以下的小额贷记支付业务

D. 大额贷记支付业务

（21）（　　）是指由发卡银行发行的先存款后消费（或取现）、没有透支功能的银行卡。

A. 联名卡　　　　B. 借记卡　　　　C. 准贷记卡　　　　D. 贷记卡

（22）会计年度自公历（　　）止。

A. 1 月 1 号至 12 月 30 号　　　　　　B. 1 月 1 号至 12 月 31 号

C. 1 月 1 号至次年 1 月 1 号　　　　　D. 去年 12 月 31 号至 12 月 31 号

（23）会计记账方法根据复式记账原理，采用借贷记账法，以（　　）为主体，用以反映本行会计要素具体项目增减变化情况。

A. 会计科目　　　B. 会计要素　　　C. 会计项目　　　D. 会计发生额

（24）负债包括（　　）。

A. 短期负债和长期负债　　　　　　　B. 流动负债和中长期负债

C. 流动负债和长期负债　　　　　　　D. 短期负债和中长期负债

（25）表外类科目记账以（　　）为符号。

A. "收入"，"付出"　　　　　　　　B. "借"，"贷"

C. "增加"，"减少"　　　　　　　　D. 以上均可

（26）重要空白凭证一律纳入（　　）科目核算。

A. 资产类　　　B. 负债类　　　C. 有资产类　　　D. 表外类

（27）期末，各种原币会计报表应折算成人民币，下列折算方法不正确的是（　　）。

A. 资产类应按照期末汇率折合成人民币

B. 权益类项目按照历史汇率折合成人民币

C. 利润表按照期末汇率折合成人民币

D. 负债类按照历史汇率折合成人民币

二、多选题

（1）测试设计员的职责有（　　　）。

A. 制订测试计划　　　　　　　　　B. 设计测试用例

C. 设计测试过程，脚本　　　　　　D. 评估测试活动

（2）软件质量管理（QM）应由质量保证（QA）和质量控制（QC）组成，下面的选项中是 QC 的有（　　　）。

A. 测试　　　　　　　B. 跟踪　　　　　　　C. 监督

D. 制订计划　　　　　E. 需求审查　　　　　F. 需求代码审查

（3）编写测试计划的目的是（　　　）。

A. 使测试工作顺利进行　　　　　　B. 使项目参与人员沟通更顺畅

C. 使测试工作更加系统化　　　　　D. 软件工程以及软件过程的需要

E. 软件过程规范化的要求　　　　　F. 控制软件质量

（4）导致软件缺陷的原因有很多，（　　　）是可能的原因。

A. 软件需求说明书编写得不齐全、不完整、不准确，而且经常更改

B. 软件设计说明书

C. 软件操作人员的水平

D. 开发人员不能很好地理解需求说明书，沟通不足

（5）测试的目的是（　　　）

A. 发现软件缺陷　　　　　　　　　B. 预防软件的缺陷

C. 提供信心和信息　　　　　　　　D. 提供没有缺陷的软件

（6）典型的 V 模型包括哪些测试级别？（　　　）

A. 单元测试　　　　　　B. 回归测试　　　　　　C. 集成测试

D. 模块测试　　　　　　E. 系统测试　　　　　　F. 验收测试

（7）关于测试用例的描述，下列哪些选项是正确的？（　　　）

A. 建立从测试用例到需求的可追溯性，有助于需求变更时的影响分析

B. 对测试用例本身的质量可以从是否与需求有可追溯性以及期望结果的正确性这两方面来评价

C. 理想情况下，通过执行测试用例就可以获得测试用例的期望结果

D. 测试用例由一组输入值、执行的前提条件、执行步骤、期望结果和执行的后置条件等组成

（8）以下属于典型的软件测试过程的模型有（　　　）。

A. X 模型　　　　　　　B. W 模型　　　　　　C. H 模型　　　　　　D. 螺旋模型

（9）以下关于覆盖测试的说法中，正确的有（　　　）。

A. 语句覆盖要求每行代码至少执行一次

B. 在路径测试中必须使用不同的数据重复测试同一条路径

C. 路径测试不是完全测试，即使每条路径都执行一次，程序还是可能存在缺陷

D. 分支覆盖应使程序中每个判定的真假分支至少执行一次

（10）以下属于测试报告的主要内容是（　　　）。

A. 在测试阶段发送了什么（比如达到测试出口准则的日期）

B. 通过分析相关信息和度量可以对下一步的活动提供建议、做出决策

C. 对仍然存在的缺陷的评估

D. 为已定义的不同测试任务分配的资源

（11）下列利率的表示方法中正确的是（　　　）。

A. 年利率（%）　　　B. 季利率（‰）　　　C. 月利率（‰）　　D. 日利率（‰）

（12）利息的计算方法有（　）

A. 积数计算法　　　　B. 逐笔计息法　　　　C. 分段计息法　　　D. 浮动计息法

（13）结息是指银行与存款人或借款人结算利息，结息分为（　　　）。

A. 定期结息　　　　　B. 等额结息　　　　　C. 利随本清　　　　D. 分段结息

（14）个人贷款可采用（　　）方式进行还款。

A. 等额本息法　　　　　B. 等额本金法　　　　　C. 等额递增法　　　D. 等额递减法

（15）资产负债表用于反映（　　）。

A. 期末资产　　　　　　B. 负债　　　　　　　　C. 总资产

D. 总利润　　　　　　　E. 所有者权益余额

（16）错账按错账日期可分为（　　）。

A. 当日错账　　　　　　B. 隔日错账　　　　　　C. 跨月度错账　　　　D. 跨年度错账

（17）次日发现的错账采用何种方式处理（　　）。

A. 抹账交易　　　　　　　　　B. 红蓝字冲正
C. 双红字冲正　　　　　　　　D. 冲正与补账组合

（18）借记卡的主要功能包括（　　）。

A. 消费　　　　　　B. 存/取/转账　　　　　C. 透支　　　　　　D. 查询

（19）网上支付可使用哪些账户？（　　）

A. 借记卡　　　　　　B. 准贷记卡　　　　　　C. 贷记卡　　　　　D. 存折

（20）关于商业汇票的付款期限，下面哪几项说法是正确的？（　　）

A. 商业汇票的付款期限最长不得超过 6 个月
B. 定日付款的商业汇票付款期限自出票日起计算，并在汇票上记载具体的到期日
C. 出票后定期付款的商业汇票付款期限自出票日起按月计算，并在商业汇票上记载
D. 见票后定期付款的商业汇票付款期限自承兑或拒绝承兑日起按月计算，并在商业汇票上记载
E. 商业汇票的付款期限最长不得超过 2 个月
F. 出票后定期付款的商业汇票付款期限自见票日起按月计算，无须在商业汇票上记载

三、判断题

（1）测试只要做到语句覆盖和分支覆盖，就可以发现程序中的所有错误。（　　）

（2）发现错误多的模块，残留在模块中的错误也多。（　　）

（3）测试人员在测试过程中发现一处问题，如果问题影响不大，而自己又可以修改，应立即将此问题正确修改，以加快、提高开发的进程。（　　）

（4）当程序期望结果和实际结果有所偏差时，肯定是程序内的缺陷引起的。（　　）

（5）软件测试的目的也可以是预防错误。（　　）

（6）独立测试通常可以更高效地发现软件缺陷。（　　）

（7）白盒测试不能应用于系统测试。（　　）

（8）对于一个现有的运行系统，因为开发已经完成了，所以不再需要测试。（　　）

（9）当软件发生变更或者应用软件的环境发生变化时，需要进行回归测试。（　　）

（10）基于经验的测试方法在测试项目中总是作为基本的测试方法。（　　）

20.2.5　某外派型公司真题（一）

一、填空题

（1）目前主要的测试用例设计方法包括（　　）和（　　）。

（2）黑盒测试的测试用例常见的设计方法有（　　）、（　　）、（　　）、因果图方法、正交表分析法、（　　）、状态图法、大纲法。

（3）软件测试可以分为单元测试、集成测试、（　　）、（　　）四个阶段。

（4）验收测试以需求阶段的（　　）为验收标准，测试时要求模拟实际用户的运行环境。对于实际项目，可以和客户共同进行，对于产品来说就是最后一次的系统测试。

（5）测试用例应包含用例编号、用例名称、功能模块、（　　）、前置条件、测试数据、（　　）、（　　）结果、实际结果等基本信息。

（6）软件的生命周期包括问题定义、可行性研究、需求分析、概要设计、详细设计、（　　）、（　　）、软件维护。

（7）软件测试的类型包括（　　）、（　　）、（　　）、兼容性测试、用户体验测试、安全性测试、代码规范性测试等。

（8）使用 LoadRunner 进行性能测试时的测试流程包括测试设计、创建虚拟用户脚本、创建运行场景、运行场景、（　　）、（　　）。

（9）（　　）是指修改了旧代码后，重新进行测试以确认修改没有引入新的错误或导致其他代码产生错误。

二、判断题

（1）软件测试应尽早启动，根据软件生命周期，应在开发人员完成编码后展开测试活动。（　　）

（2）软件测试不可能执行穷尽测试，完全测试是不可能的。（　　）

（3）二八原则，测试发现的错误中 80%很可能起源于 20%的模块中。（　　）

（4）程序员尽量避免自己检查和测试自己开发的程序。（　　）

（5）设计测试用例应该考虑到合法的输入和不合法的输入。（　　）

（6）集成测试是针对软件设计的最小单位，即对程序模块甚至代码段进行正确性检验的测试工作，通常由开发人员进行。（　　）

（7）瀑布模型是一种应对快速变化的需求的一种软件开发能力，更强调程序员团队与业务专家之间的紧密协作、面对面的沟通（认为比书面的文档更有效）、频繁交付新的软件版本。（　　）

（8）软件测试是为了发现软件产品中的各种缺陷，而对软件产品进行验证和确认的活动过程，因此此过程贯穿整个软件开发生命周期。（　　）

（9）性能测试工具 LoadRunner 包括脚本生成器、场景控制器、结果分析器三部分。（　　）

（10）Jmeter 是一种自动化测试工具。（　　）

三、简答题

（1）请简述 Linux 常用命令 ls 的主要作用、常用参数及其作用。

（2）某班级期末考试成绩表（表名: result）信息如下：

name	Subject	score
张三	语文	81
张三	数学	75
李四	语文	90
李四	数学	81
王五	语文	100
王五	数学	90

① 请用一条 SQL 语句查询出语文成绩大于 80 分的学生姓名。

② 请用一条 SQL 语句查询出每门课都大于 80 分的学生姓名。

（3）请简述软件测试的目的和作用。

（4）请简要叙述软件测试的流程，以及各个环节测试人员的工作内容。

（5）你觉得一个软件测试工程师需要具备哪些素质和技能才能把软件测试这份工作做好？

（6）以 Windows 对文件的复制粘贴功能为例，尽可能多地写出测试思路。

20.2.6　某外派型公司真题（二）

一、判断题

（1）软件测试的目的是尽可能多地找出软件的缺陷。（　　　）

（2）Beta 测试是验收测试的一种。（　　　）

（3）好的测试员不懈追求完美。（　　　）

（4）静态白盒测试可以找出遗漏之处和问题。（　　　）

（5）验收测试是由最终用户来实施的。（　　　）

（6）项目立项前测试人员不需要提交任何工件。（　　　）

（7）单元测试能发现约 80% 的软件缺陷。（　　　）

（8）代码评审是检查源代码是否达到模块设计的要求。（　　　）

（9）自底向上集成需要测试员编写驱动程序。（　　　）

（10）负载测试是验证要检验的系统的能力最高能达到什么程度。（　　　）

（11）测试人员要坚持原则，缺陷未修复完坚决不予通过。（　　　）

（12）代码评审员一般由测试员担任。（　　　）

（13）我们可以人为地使得软件，不存在配置问题。（　　　）

（14）所有软件必须进行某种程度的兼容性测试。（　　　）

（15）所有软件都有一个用户界面，因此必须测试易用性。（　　　）

（16）可以发布具有配置缺陷的软件产品。（　　　）

（17）集成测试计划在需求分析阶段末提交。（　　　）

二、不定项选择题

（1）软件验收测试的合格通过准则是（　　　）。

A. 软件需求分析说明书中定义的所有功能已全部实现，性能指标全部达到要求

B. 所有测试项没有残余一级、二级和三级错误

C. 立项审批表、需求分析文档、设计文档和编码实现一致

D. 验收测试工件齐全

（2）软件测试计划评审会需要哪些人员参加？（　　　）

A. 项目经理　　　　　　B. SQA 负责人　　　　　C. 配置负责人　　　　　D. 测试组

（3）下列关于 alpha 测试的描述中正确的是（　　　）。

A. alpha 测试需要用户代表参加　　　　　　B. alpha 测试不需要用户代表参加

C. alpha 测试是系统测试的一种　　　　　　D. alpha 测试是验收测试的一种

（4）测试设计员的职责有（　　　）。

A. 制订测试计划　　　　　　　　　　　　B. 设计测试用例

C. 设计测试过程、脚本　　　　　　　　　D. 评估测试活动

（5）软件实施活动的进入准则是（　　　）。

A. 需求工件已经被基线化　　　　　　　　B. 详细设计工件已经被基线化

C. 构架工件已经被基线化　　　　　　　　D. 项目阶段成果已经被基线化

（6）软件测试设计活动主要有（　　　）。

A. 工作量分析　　　　　　　　　　　　　B. 确定并说明测试用例

C. 确立并结构化测试过程　　　　　　　　D. 复审并评估测试覆盖

（7）不属于集成测试步骤的是（　　　）。

A. 制订集成计划　　　　　　　　　　　　B. 执行集成测试

C. 记录集成测试结果　　　　　　　　　　D. 回归测试

（8）下面哪些属于静态分析？（　　　）

A. 编码规则检查　　　　　　　　　　　　B. 程序结构分析

C. 程序复杂度分析　　　　　　　　　　　D. 内存泄漏

（9）下面哪些属于动态分析？（　　　）

A. 代码覆盖率　　　　　　　　　　　　　B. 模块功能检查

C. 系统压力测试　　　　　　　　　　　　D. 程序数据流分析

三、填空题

（1）软件测试的目的是（　　　）。

（2）软件验收测试包括（　　）、（　　　）、（　　　）三种类型。

（3）系统测试的策略有功能测试、（　　）、（　　）、（　　）、（　　　）、（　　　）、易用性测试、（　　）、（　　）、（　　）、（　　）、（　　）、（　　）、（　　）共 15 种方法。

（4）代码评审的主要工作是（　　　）。

（5）软件测试主要分为（　　）、（　　）、（　　）、（　　　）四类测试。

（6）设计系统测试计划需要参考的项目文档有（　　）、（　　）和迭代计划。

（7）对面向过程的系统采用的集成策略有（　　）、（　　）两种。

（8）软件测试角色有（　　）、（　　）、（　　）、（　　）。

（9）通过画因果图来写测试用例的步骤为（　　）、（　　）、（　　）、（　　）及把因果图转换为状态图。

四、简答题

（1）阶段评审与同行评审有什么区别？

（2）什么是软件测试？

（3）简述集成测试的过程。

（4）怎样做好文档测试？

（5）请描述软件测试活动的生命周期。

（6）白盒测试有哪几种方法？

（7）系统测试计划是否需要同行评审，为什么？

（8）alpha 测试与 beta 测试有什么区别？

（9）负载测试、容量测试和强度测试有什么区别？

（10）什么是测试评估，测试评估的范围是什么？

（11）你认为一个优秀的测试工程师应该具备哪些素质？

（12）测试结束的标准是什么？

（13）请画出软件测试活动的流程图。

20.2.7　某外派型公司真题（三）

一、不定项选择题

（1）软件测试的目的是（　　　）。

A. 试验性运行软件　　　　　　　　B. 提高软件质量

C. 证明软件正确　　　　　　　　　D. 发现软件错误

（2）测试体系是围绕（　　　）开展制订的一系列规程、指南、标准、模板。

A. 需求调研　　　　B. 测试活动　　　　C. 设计开发　　　　D. 运行维护

（3）建设测试体系的好处是（　　　）。

A. 建设陕西信合科技部的测试体系规范

B. 标准化测试工作流程，提高测试效率

C. 统一规范测试文档的产出，保证测试信息有效性

D. 规范测试环境管理、测试配置管理等关键管理类工作

E. 通过引入测试管理工具使测试体系有效落地

F. 提升测试团队技能和专业性分工

（4）软件测试的对象包括（　　　）。

A. 目标程序和相关文档　　　　　　　B. 源程序、目标程序、数据及相关文档

C. 目标程序、操作系统和平台软件　　D. 源程序和目标程序

（5）测试需求可以从以下哪些方面收集（　　　）。

A. 软件需求规格说明书　　　B. 设计文档　　　　C. 旧系统　　　D. 访谈

（6）测试准备阶段，需要做的事情有（　　　）。

A. 成立测试小组　　　　　B. 编制方案计划

C. 设计测试用例　　　　　D. 方案案例评审

（7）下述关于缺陷处理流程管理的原则，（　　　）的说法是不正确的。

A. 对于无法再现的缺陷，应该由项目经理、测试经理和设计经理共同讨论决定拒绝或者延期

B. 每次对缺陷的处理都要保留处理信息，包括处理人姓名、处理时间、处理方法、处理意见以及缺陷状态

C. 缺陷修复后必须由报告缺陷的测试人员确认缺陷已经修复才能关闭缺陷

D. 为了保证正确地定位缺陷，需要有丰富测试经验的测试人员验证发现的缺陷是否是真正的缺陷，并且验证缺陷是否可以再现

（8）系统测试包括（   ）。

A. 单元测试　　　　B. 集成测试　　　　　　C. 功能测试　　　　　　D. 非功能测试

（9）以下关于软件生命周期的叙述不正确的是（   ）。

A. 软件生命周期包括以下几阶段：项目规划，需求定义和需求分析，软件设计，程序编码，软件测试，运行维护

B. 需求分析阶段对软件需要实现的各个功能进行详细分析。软件需求一旦确定，在整个软件开发过程就不能再变化，这样才能保证软件开发的稳定性，并控制风险

C. 软件设计阶段主要根据需求分析的结果对整个软件系统进行设计，如系统框架设计、数据库设计等

D. 程序编码阶段是将软件设计的结果转换成计算机可运行的程序代码。为了保证程序的可读性、易维护性和提高程序的运行效率，可以通过在该阶段中制订统一并符合标准的编写规范来使编程人员程序设计规范化

（10）关于软件测试的说法，（   ）是不正确的。

A. 代码审查是代码检查的一种，是由程序员和测试员组成一个审查小组并通过阅读、讨论和争议对程序进行静态分析的过程

B. 软件测试的对象不仅仅是程序，还包括文档、数据和规程

C. 白盒测试是通过对程序内部结构的分析、检测来寻找问题的测试方法

D. 单元测试是针对软件设计的最小单位（程序模块）进行正确性检验的测试工作，多个模块可以串行进行单元测试

（11）以下不属于黑盒测试方法的是（   ）。

A. 等价划分类　　　　　　　　　B. 边界值分析

C. 错误推测法　　　　　　　　　D. 静态结构分析法

（12）以下关于测试时机的叙述正确的是（　　　）。

A. 应该尽可能早地进行测试

B. 若能推迟暴露软件中的错误，则修复和改正错误所花费的代价会降低

C. 应该在代码编写完成后开始测试

D. 需求分析和设计阶段不需要测试人员参与

（13）测试需求分析的时机是在（　　　）之后进行的。

A. 项目计划完成时　　　　　　　　B. 需求规格说明书基线化之后

C. 测试计划评审通过后　　　　　　D. 系统开发完成后

（14）有关测试用例的特征，正确的是（　　　）。

A. 设计时需要尽量采取真实的、有代表的测试数据模拟业务场景

B. 测试用例组成要素包括前提条件、操作步骤、预期结果、测试数据

C. 测试用例步骤描述需要具体、详细，所以操作步骤可以想写多长就多长

D. 测试用例必须包含有效数据和无效数据

（15）测试评价主要包括（　　　）。

A. 覆盖评价　　　　B. 质量评价　　　　　　C. 性能评价　　　　D. 成本评价

（16）质量评测，从（　　　）评测。

A. 测试结果　　　　　　　　　B. 发现确定的缺陷

C. 缺陷解决情况　　　　　　　D. 测试人员口述

（17）编写测试报告的目的有（　　　）。

A. 总结测试活动的结果，依据结果评价测试

B. 对测试工作进行总结，识别局限性和失效可能性

C. 每个阶段应有对应的测试报告

D. 测试计划的"封闭回路"

（18）测试收尾阶段，需要做的事情有（　　　）。

A. 发布测试报告　　　　　　　　　　B. 项目经验总结

C. 测试资产归档　　　　　　　　　　D. 方案案例评审

（19）测试用例是为达到最佳的测试效果或高效地揭露隐藏的错误而精心设计的少量测试数据，至少应该包括（   ）。

A. 测试输入、执行条件和预期的结果   B. 测试目标、测试工具

C. 测试环境   D. 测试配置

（20）给系统增加特征越容易，说明软件的（   ）越好。

A. 功能性   B. 可靠性   C. 可维护性   D. 易使用性

（21）某财务系统在使用过程中因个人所得税政策变化需修改计算工资的程序，这种修改属于（   ）维护。

A. 正确性   B. 适应性   C. 完善性   D. 预防性

（22）在某软件公司招聘软件评测师时，应聘者甲向公司做如下保证，你认为应聘者甲的保证中（   ）不正确。

A. 经过自己测试的软件今后不会再出现问题

B. 在工作中对所有程序员一视同仁，不会因为在某个程序员编写的程序中发现的问题多就重点审查该程序，以免不利于团结

C. 承诺自己就可以独立进行测试工作，不需要其他人员

D. 发扬咬定青山不放松的精神，不把所有问题都找出来决不罢休

（23）导致软件缺陷的原因有很多，其中最主要的原因包括（   ）。

A. 软件需求说明书编写得不全面、不完整、不准确，而且经常更改

B. 软件设计不合理

C. 软件操作人员的水平参差不齐

D. 开发人员不能很好地理解需求说明书，沟通不足

（24）下面关于软件测试模型的描述中，不正确的包括（   ）。

A. V 模型的软件测试策略既包括低层测试又包括高层测试，高层测试是为了源代码的正确性，低层测试是为了使整个系统满足用户的需求

B. W 模型可以说是 V 模型自然而然的发展，它强调测试伴随着整个软件开发周期，而且测试的对象不仅仅是程序，需求、功能和设计同样要测试

C. H 模型中软件测试是一个独立的流程，贯穿产品整个生命周期，与其他流程并发地进行

D. H 模型中测试准备和测试实施紧密结合，有利于资源调配

（25）软件验收测试的合格通过准则是（　　）。

A. 软件需求分析说明书中定义的所有功能已全部实现，性能指标全部达到要求

B. 所有测试项没有残余致命、严重和一般错误

C. 验收测试工件齐全

D. 立项审批表、需求分析文档、设计文档和编码实现一致

（26）软件质量管理（QM）应有质量保证（QA）和质量控制（QC）组成，下面的选项属于 QC 的是（　　）。

A. 测试　　　　　　　　　B. 跟踪　　　　　　　　C. 监督　　　　　　　D. 定计划

E. 需求审查　　　　　　　F. 程序代码审查

（27）以下关于软件质量特性测试的叙述正确的是（　　）。

A. 成熟性测试是检验软件系统故障或违反指定接口的情况下维持规定的性能水平有关的测试工作

B. 功能性测试是检验适合性、可靠性、互操作性、安全保密性、功能依从性的测试工作

C. 易学性测试是检查用户为了使用程序所消耗精力的相关测试工作

D. 效率测试是指在规定条件下产品执行其功能时对时间消耗及资源利用的测试工作

（28）功能测试执行过后一般可以确认系统的功能缺陷，缺陷的类型包括（　　）。

A. 功能不满足隐性需求　　　　　　B. 功能实现不正确

C. 功能易用性不好　　　　　　　　D. 功能不符合相关的法律法规

（29）下列描述错误的是（　　）。

A. 软件发布后如果发现质量问题，就是软件测试人员的错

B. 穷尽测试实际上在一般情况下是不可行的

C. 软件测试自动化不是万能的

D. 测试能由非开发人员进行，调试必须由开发人员进行

（30）在软件修改之后，再次运行以前为发现错误而执行程序曾用过的测试用例，这种测试称为（　　）。

A. 单元测试　　　　　　B. 集成测试　　　　　　C. 回归测试　　　　　D. 验收测试

二、判断题

（1）软件测试类型按开发阶段划分是单元测试、集成测试、系统测试、验收测试。（   ）

（2）软件质量的定义是软件特性的总和，以及满足规定和潜在用户需求的能力。（   ）

（3）软件测试的对象包括源程序、目标程序、数据及相关文档。（   ）

（4）验收测试的定义是按照软件任务书或合同、供需双方约定的验收依据进行测试，决定是否接收。（   ）

（5）软件测试的目的是为了发现软件设计和实现过程中的疏忽所造成的错误。（   ）

（6）验收测试是以最终用户为主的测试。（   ）

（7）缺陷是软件程序中的问题，文档问题不属于缺陷。（   ）

（8）缺陷描述是单一准确，可以再现，必要时需要截取出错图片和软件缺陷的日志文件。（   ）

（9）测试人员要坚持原则，缺陷未修复完坚决不予通过。（   ）

（10）测试案例管理、测试缺陷管理是测试实施阶段的工作。（   ）

（11）测试计划编写时间一般是在项目开始的时候就编写好的。（   ）

（12）小项目的话，测试计划可以和测试方案合并。（   ）

（13）测试范围要同时考虑一些特殊的测试场景，避免遗漏。（   ）

（14）单元测试一般由测试人员执行。（   ）

（15）UAT 测试一般由真正使用该系统的人员执行。（   ）

三、简答题

（1）在你以往的工作中，一条软件缺陷（或者叫 BUG）记录都包含了哪些内容？如何提交高质量的软件缺陷（BUG）记录？

（2）常见的测试用例设计方法都有哪些？请分别以具体的例子来说明这些方法在测试用例设计工作中的应用。

（3）缺陷的严重性级别是 BUG 的重要属性，请写出常见的功能性 BUG 的严重性级别层次。

（4）描述软件测试活动的生命周期。并简述各生命周期的工作内容。

（5）如何制订测试计划，测试计划的要点包含哪些内容？

20.2.8 某科技公司真题

一、选择题

（1）在 HTTP 状态码中，（　　）表示访问成功，（　　）表示错误请求，（　　）表示服务不可用。

A. 2xx，4xx，5xx

B. 1xx，4xx，3xx

C. 2xx，4xx，3xx

D. 3xx，1xx，4xx

（2）为了提高测试的效率，应该（　　）。

A. 随机选取测试数据

B. 取一切可能的输入数据作为测试数据

C. 在完成编码以后制订软件的测试计划

D. 选择发现错误的可能性大的数据作为测试

（3）单元测试一般以白盒为主，测试的依据是（　　）。

A. 模块功能规格说明

B. 系统模块结构图

C. 系统需求规格说明

D. A、B、C 项都可以

（4）"string s = new string("xyz");" 创建了几个 string object?（　　）（多选）

A. "xyz"

B. 仅仅是 s

C. 指向"xyz"的引用对象 s

D. 仅仅是 xyz

（5）改变文件所有者的命令为（　　）。

A. chmod

B. touch

C. chown

D. cat

（6）在 SQL 语法中，用于更新的命令是（　　）。

A. INSERT

B. UPDATE

C. DELETE

D. CREATE

二、简单题

（1）测试用例的字段根据实际情况可多可少，但是其中必需有的一些字段是哪些？

（2）黑盒测试用例设计方法有哪些？

（3）如果一个需求没有明确的性能指标，要如何开始进行性能测试？

（4）什么是分布式负载测试？如何在 Jmeter 中实现？

（5）在自动化测试过程中，如果一个元素无法定位，那么你一般会考虑哪些方面的原因？

（6）怎么理解桩模块？

（7）现有一个 MySQL 5.7 的 Docker 镜像，编写运行此镜像的名为 test 的容器，并将容器内的 3306 端口映射至宿主机 33306 端口。

（8）Docker 把主机的 /tmp/abc.txt 文件复制到容器 abc 里的/tmp。

（9）使用 Linux 命令，根据名称查找 home 目录下的 hello.txt。

（10）写出把名为 label-pod 的 pod 标签 abc 修改为标签 456 的 k8s 命令。

（11）描述一下 k8s 中 pod 的生命周期有哪些状态？

（12）写 SQL 语句：学生表 student(id，name)。

（13）如果 PC 端某个页面没有数据展示，如何操作并快速判断该问题是接口问题还是前端问题？

（14）Python 接口自动化测试使用 umt test 单元测试时，产生的垃圾数据如何清理？

（15）请总结一些做好软件测试工作的关键点。

（16）你是怎样保证软件质量的，也就是说你觉得怎样才能最大限度地保证软件质量？

20.2.9　某商业银行真题（一）

一、单项选择题

（1）在性能测试中，下面哪个与软件性能的高低相关？（　　　）

A. 用户对系统快慢的感受　　　　　　　B. 系统操作界面的易用性

C. 系统响应时间　　　　　　　　　　　D. 同时操作该系统的人员数量

（2）（　　　）是指通过运行被测软件检查运行结果与预期结果的差异。

A. 自动化测试　　　　B. 白盒测试　　　　C. 动态测试　　　　D. 静态测试

（3）某个版本的软件在测试过程中发现了缺陷。程序员在修改已知缺陷的同时又增加了一部分新功能，然后提交给测试人员重新测试。此次测试人员进行的测试属于（　　　）。

A. 回归测试　　　　B. 重复测试　　　　C. 恢复测试　　　　D. UAT 测试

（4）黑盒测试是一种重要的测试策略，又称为数据驱动的测试，其测试数据来源于（　　）。

A. 需求规格说明　　　　　　　　　　　B. 技术可行性说明

C. 概要设计说明　　　　　　　　　　　D. 详细设计说明

（5）制订测试计划的最合理步骤是（　　）。

A. 确定项目管理机制、预计测试工作量、测试计划评审

B. 确定测试范围、确定测试策略、确定测试标准、 确定项目管理机制、确定测试构架，
预计测试工作量、测试计划评审

C. 确定测试构架、确定项目管理机制、预计测试工作量、制试计划评审

D. 确定测试范围、确定测试策略、确定测试标准、确定测试构架、确定项目管理机制、
预计测试工作量、测试计划评审

（6）在某大学学籍管理信息系统中，假设学生年龄的输入范围为16～40，则根据黑盒
测试中的等价类划分技术划分正确的是（　　）。

A. 可划分为 2 个有效等价类、2 个无效等价类

B. 可划分为 1 个有效等价类、2 个无效等价类

C. 可划分为 2 个有效等价类、1 个无效等价类

D. 可划分为 1 个有效等价类、1 个无效等价类

（7）根据软件体系结构的设计，按照一定顺序将经过单元测试的程序单元逐步组装为
子系统或系统，这种测试是（　　）。

A. 系统测试　　　　B. 单元测试　　　　C. 集成测试　　　　D. 验收测试

（8）在下列测试自动化工具中，最经常用于回归测试的是（　　）。

A. JUnit　　　　　　B. QTP　　　　　　C. LoadRunner　　　　D. NUnit

（9）为了提高测试的效率，应该（　　）。

A. 随机地取测试数据

B. 取一切可能的输入数据作为测试数据

C. 在完成编码以后制订软件的测试计划

D. 选择发现错误可能性大的数据为测试数据

（10）软件测试过程中的集成测试主要是为了发现（　　）阶段的错误。

A. 需求分析　　　　　　B. 概要设计　　　　　　C. 详细设计　　　　　　D. 编码

（11）功能或特性没有实现，主要功能部分丧失，次要功能完全丧失或严重的错误声明，这属于软件缺陷级别中的（　　）。

A. 致命缺陷　　　　　　B. 严重缺陷　　　　　　C. 一般缺陷　　　　　　D. 微小缺陷

（12）（　　）不属于测试人员编写的文档。

A. 缺陷报告　　　　　　　　　　　B. 测试大纲

C. 缺陷修复说明　　　　　　　　　D. 测试用例说明文档

（13）QC 缺陷管理流程：（　　）。

① 在注释中记录否决意见关闭缺陷

② 项目经理查看该缺陷，并判断是否为缺陷需要修改

③ 测试人员提交一个状态为 new 的新缺陷后分配给项目经理

④ 测试人员测试缺陷，通过就将缺陷关闭，否则退回给项目经理

⑤ 修改缺陷，将状态改为"已修复"

⑥ 在注释中记录意见后退回给项目经理

⑦ 开发人员打开缺陷模块看到指送给自己的缺陷后确定是否修改

⑧ 项目经理将该缺陷指送给测试人员进行回归测试

⑨ 在注释中记录相关意见后将该缺陷指送给开发人员，将缺陷状态改为 open

A. 3-2-1-9-7-6-5-4-8　　　　　　　　B. 3-2-1-9-7-6-5-8-4

C. 3-2-9-1-7-6-5-8-4　　　　　　　　D. 3-2-9-1-7-6-5-8-4

（14）不属于黑盒测试方法的是（　　）。

A. 测试用例覆盖　　　　　　　　　B. 输入覆盖

C. 输出覆盖　　　　　　　　　　　D. 分支覆盖

（15）单元测试主要针对模块的几个基本特征进行测试，该阶段不能完成的测试是（　　）。

A. 系统功能　　　　　　　　　　　B. 局部数据结构

C. 使用说明书　　　　　　　　　　D. 出错处理

（16）使用白盒测试方法时，确定测试数据应根据（　　　）和制定的覆盖标准。

A. 程序内部逻辑 　　　　　　　　　　　B. 程序的复杂度

C. 使用说明书 　　　　　　　　　　　　D. 程序的功能

（17）UAT 测试以（　　　）文档作为测试基础。

A. 需求规格说明书 　　　　　　　　　　B. 需求设计说明书

C. 源程序 　　　　　　　　　　　　　　D. 开发计划

（18）导致软件缺陷的原因有很多，其中最主要的原因包括（　　　）

① 软件需求说明书编写得不全面、不完整、不准确，而且经常更改

② 软件设计说明书

③ 软件操作人员的水平

④ 开发人员不能很好地理解需求说明书，沟通不足

A. 1，2，3 　　　　　　B. 1，3 　　　　　　　C. 2，3 　　　　　　D. 1，4

（19）在黑盒测试中，（　　　）根据输出对输入的依赖关系设计测试用例。

A. 基本用例法 　　　　B. 等价法 　　　　　C. 因果图 　　　　　　D. 功能图法

（20）在下列软件属性中，软件产品首要满足的应该是（　　　）。

A. 功能需求 　　　　　　　　　　　　　B. 性能需求

C. 可扩展性和灵活性 　　　　　　　　　D. 容错和纠错能力

（21）在 UNIX 下修改用户密码的命令是（　　　）

A. Passwd 　　　　　　B. Pwd 　　　　　　C. Changepassword 　　　　D. Password

（22）在下列选项中，不属于软件功能易用性测试关注的内容是（　　　）。

A. 软件是否能帮助用户减少重复的输入劳动

B. 软件是否能在耗时较长的操作期间提供反馈

C. 软件是否允许用户针对自己的使用习惯进行定制

D. 软件界面中文字的字体风格

（23）（　　）不属于网站渗透测试的内容。

A. 防火墙日志审查　　　　　　　　　　B. 防火墙远程探测与攻击

C. 跨站攻击　　　　　　　　　　　　　D. SQL 注入

（24）下列哪种情形适合使用 LoadRunner 完成?（　　　）

A. 页面上的链接是否能够跳转到指定页面

B. 回归测试

C. 某网站的注册功能是否正常

D. 并发测试

二、多项选择题

（1）划分为一般等级的缺陷有哪些特点?（　　）

A. 操作页面错误（包括数据窗口内的列名定义、含义是否一致）

B. 操作流程与需求有偏差，但不影响使用

C. 数据库的表、业务规则、缺省值未加完整性等约束条件

D. 整个模块因该缺陷无法使用

（2）软件测试缺陷分析会需要哪些人员参加？（　　　）

A. 代码开发人员　　　　　　　　　　　B. 架构师

C. 测试环境管理人员　　　　　　　　　D. 测试人员

（3）一般来说软件验收测试的合格通过标准是（　　　）。

A. 软件需求说明书中定义的所有功能已全部实现，性能指标全部达到要求

B. 无严重以上级别的缺陷，但遗留一般级别以下的缺陷未修复

C. 需求分析文档、设计文档和编码实现一致

D. 测试总结报告已完成但未评审

（4）测试用例的要素包括（　　　）。

A. 代码开发人员　　　　B. 用例编号　　　　C. 缺陷等级　　　　D. 操作步骤

（5）下列关于软件测试和软件生命周期的说法中正确的是（　　　）。

A. 从软件生命周期的螺旋模型来看，所有测试工作是在编码结束以后才开始介入

B. 螺旋模型和瀑布模型相比，测试工作介入得更早、更具体，从而更好地规避了风险

C. 测试计划是用于指导整个测试过程的，所以一旦测试计划通过评审，就不能改动

D. 从软件测试生命周期来看。一个软件的新版本要经过评审才能发布

三、判断题

（1）代码评审一般由测试人员担任。（　　　）

（2）软件测试是一个贯穿软件开发生命周期的活动。它可以是一个与开发并行的过程，也可以是在开发完成某个阶段任务之后的活动。（　　　）

（3）集成测试计划在需求分析阶段末提交。（　　　）

（4）测试 ATM 取款功能，已知取款数只能输入正整数。每次取款数要求是 100 的倍数且不能大于 500，则其无效等价类为任意大于 0 小于 500 的非 100 倍数的整数。（　　　）

（5）自动化测试工具可以实现数据批量录入、回归测试、数据初始化，以及对象库的快速更新。（　　　）

四、问答题

（1）（功能测试岗必答题）测试用例的设计方法分为哪几种？请分别根据每种设计方法设计如下日期输入项功能的测试用例。系统日期输入项要求用户输入日期范围限定在 1990 年 1 月 1 日至 2049 年 12 月 31 日，其中输入项包括年、月、日。

（2）（功能测试岗必答题）请描述性能测试的整体测试流程。如何结合业务需求和业务模型制订测试模型？如何推算实际的并发用户数？

五、加分题

请打印出给定路径下所有后缀名为 .log 的文件名，同时打印出此 log 文件的当前路径。

说明：

① 当前系统可以为 Linux 或 Windows 系统。

② 给定路径下包含多个文件和多个文件夹（提示：文件夹中也可能有.log 的文件）。

③ 可以用任意编码语言实现。

20.2.10　某商业银行真题（二）

一、单项选择题

（1）软件质量的定义是（　　　）。

A. 软件的功能性、可靠性、易用性、效率、可维护性、可移植性

B. 最大限度达到用户满意

C. 软件特性的总和，以及满足规定和潜在用户需求的能力

D. 满足规定用户需求的能力

（2）下列哪个描述正确？（　　　）

A. 边界值分析法一般会结合等价类划分法一起使用，边界值分析只能用在系统测试

B. 决策表适用输入输出比较少且相互制约条件少的情况

C. 将测试空间划分成若干个子集，并且满足每个子集中的任一数据对揭露程序中的缺陷都是等价的，这些子集就叫作等价类或者等价子集

D. 场景法只关注基本流

（3）假设你是负责某在线支付系统图形化界面测试的测试人员，你参与了该图形化界面的代码评审，在评审过程中，发现代码语句将"总额人民币 RMB()元"写成"总额人民币 RMD()元"，即存在拼写错误。这个属于（　　　）。

A. 缺陷　　　　　　　B. 失效　　　　　　　C. 异常　　　　　　　D. 错误

（4）关于静态测试，下列哪项描述是不正确的?（　　　）

A. 静态测试无须关心数据流向

B. 可以通过手工进行，也可以借助软件工具自动进行

C. 可以在软件开发生命周期早期发现缺陷

D. 相较于动态测试而言

（5）性能测试一般流程为（　　　）。

① 性能测试总结　　　② 系统性能调优　　　③ 运行结果分析
④ 场景运行监控　　　⑤ 性能测试计划　　　⑥ 性能测试计划
⑦ 测试脚本编写　　　⑧ 测试场景设计　　　⑨性能场景设计　　　⑩ 测试场景运行

A. 5-6-9-10-8-7-4-3-2-1　　　　　　　　B. 5-8-9-7-6-10-4-3-2-1

C. 5-9-8-7-6-10-4-3-2-1　　　　　　　　D. 5-6-9-7-8-10-4-3-2-1

（6）在某大学学籍管理信息系统中，假设学生年龄的输入范围为 16~40，根据黑盒测试中的等价类划分技术划分正确的是（　　　）。

A. 可划分为 2 个有效等价类、2 个无效等价类

B. 可划分为 1 个有效等价类、2 个无效等价类

C. 可划分为 2 个有效等价类、1 个无效等价类

D. 可划分为 1 个有效等价类、1 个无效等价类

（7）某个版本的软件在测试过程中发现了一些缺陷，程序员在修改已知缺陷的同时又增加了一部分新功能，然后提交给测试人员重新测试，此次测试人员进行的测试属于（　　）。

A. 重复测试　　　　　　B. 回归测试　　　　　　C. 恢复测试　　　　　　D. UAT 测试

（8）某个版本的软件在测试过程中发现了一些缺陷，程序员在修改已知缺陷，即程序员在修改（　　）。

A. LoadRunner Agent 　　　　　　　　B. LoadRunner VU Generato

C. LoadRunner Analysis 　　　　　　　D. LoadRunner Controller

（9）（　　）是指单位时间内处理客户端请求的数据量，（　　）是指客户端每秒向服务器提交的 HTTP 请求数。

A. 并发量、点击率　　　　　　　　　　B. 吞吐量、点击率

C. 并发量、性能计数器　　　　　　　　D. 响应时间、性能计数器

（10）在下列自动化测试工具中，最经常用于回归测试的工具是（　　）。

A. JUnit　　　　　　B. QTP　　　　　　C. LoadRunner　　　　　　D. NUnit

（11）黑盒测试是一种重要的测试策略，又称为数据驱动的测试，其测试数据来源于（　　）。

A. 技术可行性说明　　　　　　　　　　B. 需求规格说明

C. 概要设计说明　　　　　　　　　　　D. 详细设计说明

（12）一个脚本包含高级用户的平均思考时间：高级用户在点击之间暂停 5 秒，首次使用的用户在点击之间平均暂停 10 秒。如何修改思考时间使脚本在运行时能够模拟首次使用的用户？（　　）

A. 将思考时间设置为 5 秒

B. 设置思考时间为记录的思考时间和乘以 4

C. 将思考时间设置为 150%～250% 之间的随机百分比

D. 设置思考时间但将思考时间限制为 10 秒

（13）单元测试主要针对模块的几个基本特征进行测试，该阶段不能完成的测试是（　　）。

A. 局部数据结构　　　　　　　　　B. 系统功能

C. 重要的独立路径　　　　　　　　D. 出错处理

（14）下面哪些选项属于非功能测试？（　　）

A. 易用性测试、安全性测试、性能测试、可维护性测试

B. 易用性测试、安全性测试、性能测试、可靠性测试

C. 可移植性测试、可维护性测试、可靠性测试、功能性测试

D. 易用性测试、可移植性测试、性能测试、可靠性测试

（15）QC 中缺陷管理流程是（　　）。

① 在注释中记录否决意见关闭缺陷

② 项目经理查看该缺陷，并判断是否为缺陷需要修改

③ 测试人员提交一个状态为 new 的新缺陷后分配给项目经理

④ 测试人员测试缺陷，通过将缺陷关闭，否则退回给项目经理

⑤ 修改缺陷，将缺陷状态改为：已修复

⑥ 在注释中记录意见后退回项目经理

⑦ 开发人员打开缺陷模块，看到指派给自己的缺陷后确定是否修改

⑧ 项目经理将该缺陷指派给测试人员进行回归测试

⑨ 在注释中记录相关意见并将该缺陷指派给相关开发人员，将缺陷状态改为：open

A. 3-2-1-9-7-6-5-8-4　　　　　　B. 3-2-1-9-7-6-5-4-8

C. 3-2-9-1-7-6-5-8-4　　　　　　D. 3-2-9-1-7-6-8-5-4

（16）制定测试计划最合理的步骤是（　　）。

A. 确定测试范围、确定测试策略、确定测试标准、确定测试构架、确定项目管理机制、预计测试工作量、测试计划评审

B. 确定测试范围、确定测试策略、确定测试标准、确定项目管理机制、确定测试构架、预计测试工作量、测试计划评审

C. 确定测试构架、确定项目管理机制、预计测试工作量、测试计划评审

D. 确定项目管理机制、预计测试工作量、测试计划评审

（17）在 Linux 系统中，使用（ ）命令可以查看当前运行的所有进程。

A. ps –aux   B. ps –l   C. netstat   D. nestat -l

（18）在 Oracle 中，支持强大的查询功能，如 over(partition by…order by…)，该语句被称为（ ）。

A. 游标   B. 存储过程   C. 功能函数   D. 分析函数

（19）（ ）不属于网站渗透测试的内容。

A. 跨站攻击   B. 防火墙远程探测与攻击

C. 防火墙日志审查   D. SQL 注入

（20）下列哪种情形适合使用 LoadRunner 完成？（ ）

A. 并发测试   B. 回归测试

C. 某网站的注册功能是否正常   D. 页面上的链接是否能够跳转到指定页面

（21）假设一个 OA 系统有 5000 个用户，平均每天大约有 800 个用户访问系统，对于一个典型用户来说，一天之内从登录到退出系统的平均时间为 4 小时，用户只在一天的 8 小时内使用该系统。平均的并发用户数和并发用户数峰值各为多少？（ ）

A. 400，460   B. 800，800   C. 400，400   D. 800，920

（22）下列选项中，（ ）不属于软件功能易用性测试关注的内容。

A. 软件是否能帮助用户减少重复的输入劳动

B. 软件是否能在耗时较长的操作期间提供反馈

C. 软件是否允许用户针对自己的使用习惯进行定制

D. 软件界面中文字的字体风格

（23）在场景运行期间哪个 LoadRunner 组件存储性能监视数据？（ ）

A. 控制器   B. 分析

C. 文件服务器   D. 加载发压机/主机

（24）功能或特性没有实现，主要功能部分丧失，次要功能完全丧失，或严重的错误声明，这属于软件缺陷级别中的（ ）。

A. 致命缺陷   B. 微小缺陷   C. 一般缺陷   D. 严重缺陷

二、多项选择题

（1）划分为一般等级的缺陷有哪些特点？（   ）

A. 操作界面错误（包括数据窗口内列名定义、含义是否一致）

B. 操作流程与需求有偏差，但不影响使用

C. 数据库的表、业务规则、缺省值未加完整性等约束条件

D. 整个模块因该缺陷无法使用

（2）软件测试缺陷分析会需要哪些人员参与？（   ）

A. 代码开发人员　　　　B. 架构师　　　　C. 测试环境管理人员　　　　D. 测试人员

（3）一般来说软件验收测试的合格通过标准是（   ）。

A. 软件需要说明书中定义的所有功能已全部实现，性能指标全部达到要求

B. 无严重及以上级别的缺陷，但遗留一般级别以下的缺陷未修复

C. 需要分析文档、设计文档和编码实现一致

D. 测试总结报告已完成但未评审

（4）测试用例的要求包括（   ）。

A. 代码开发人员　　　　B. 用例编号　　　　C. 缺陷等级　　　　D. 操作步骤

（5）下列关于软件测试和软件生命周期的说法中正确的是（   ）。

A. 从软件生命周期的螺旋模型来看，所有测试工作是在编码结束以后才开始介入的

B. 螺旋模型和瀑布模型相比，测试工作介入得更早、更具体，从而更好地规避了风险

C. 测试计划是用于指导整个测试过程的，所以一旦测试计划通过评审，就不能改动

D. 从软件测试生命周期来看，一个软件的新版本要经过评审才能发布

三、判断题

（1）度量某个功能是否测试完成的标准是测试代码覆盖率 100%。（   ）

（2）软件测试是一个贯穿软件开发生命周期的活动。它可以是一个与开发并行的过程，也可以是在开发完成某个阶段任务之后的活动。（   ）

（3）在执行性能测试时，在环境已准备好的情况下，可第一步执行压力测试。（   ）

（4）测试 ATM 取款功能，已知取款数只能输入正整数。每次取款数要求是 100 的倍数且不能大于 500，则其无效等价类为任意大于 0 小于 500 的非 100 倍数的整数。（   ）

（5）自动化测试工具可以实现数据批量录入、回归测试、数据初始化，以及对象库的快速更新。（   ）

四、问答题

（1）请简述在 LoadRunner 中编写性能测试脚本的流程；对"集合点""检查点""思考时间""关联"进行简述（需包含含义和使用场景）。

（2）请描述性能测试的整体测试流程。如何结合业务需求和业务模型制订测试模型？如何推算实际的并发用户数？

五、加分题

请打印出给定路径下所有后缀名为.log 的文件名，同时打印出此 log 文件的当前路径。

说明：

① 当前系统可以为 Linux 或 Windows 系统。

② 给定路径下包含多个文件和多个文件夹（提示：文件夹中也有可能有.log 的文件）。

③ 可以用任意编码语言实现。

20.2.11　某大型互联网公司真题

一、单选题

（1）可行性研究要进行一次（   ）需求分析。

A. 详细的　　　　　　B. 全面的　　　　　　C. 简化的、压缩的　　D. 彻底的

（2）在面向对象的系统中，系统责任的良好分配原则是（   ）

A. 在类之间均匀分配　　　　　　　　　B. 集中分配在少数控制类中

C. 根据交互图的消息进行分配　　　　　D. 根据个人喜好进行分配

（3）int i=2;int x=(i++) + (i++) +(i++);执行结束后，X 的值是（   ）。

A. 6　　　　　　　　　B. 7　　　　　　　　　C. 8　　　　　　　　　D. 9

（4）char *p="ab"; sizeof(*p)=（   ）。

A. 1　　　　　　　　　B. 2　　　　　　　　　C. 3　　　　　　　　　D. 4

（5）下列关于程序效率的描述错误的是（　　）。

A. 提高程序的执行速度可以提高程序的效率

B. 降低程序占用的存储空间可以提高程序的效率

C. 源程序的效率与详细设计阶段确定的算法的效率无关

D. 好的程序设计可以提高效率

（6）现在向银行存款，年利率为 i，若希望在 n 年后从银行得到 F 元，现在应该存入的钱数为（　　）。

A. i /(1+ F)n　　　　　　　B. F/(1+i n)　　　　　C. F/in　　　　　　　　D. F/(1+i)n

（7）在 Linux 系统中，下列哪一个命令属于目录管理的常用命令？（　　）

A. pwd　　　　　　　　　B. pr　　　　　　　　C. ln　　　　　　　　D. find

（8）如果互连的局域网高层分别采用 TCP/IP 协议与 SPX/IPX 协议，那么我们可以选择的互联设备应该是（　　）。

A. 中继器　　　　　　　　B. 网桥　　　　　　　C. 网卡　　　　　　　D. 路由器

（9）在 Linux 下，解压缩文件的命令为（　　）。

A. tar -zxvf 文件名　　　　　　　　　　B. unzip 文件名

C. CAT 文件名　　　　　　　　　　　　D. VI 文件名

（10）以下关于 TCP/IP 传输层协议的描述错误的是（　　）。

A. TCP/IP 传输层定义了 TCP 和 UDP 两种协议

B. TCP 协议是一种面向连接的协议

C. UDP 协议是一种面向无连接的协议

D. UDP 协议与 TCP 协议都能够支持可靠的字节流传输

（11）关于因特网，以下哪种说法是错误的？（　　）

A. 用户利用 HTTP 协议使用 Web 服务　　B. 用户利用 NNTP 协议使用电子邮件服务

C. 用户利用 FTP 协议使用文件传输服务　　D. 用户利用 DNS 协议使用域名解析

（12）软件质量的定义是（　　）。

A. 软件的功能性、可靠性、易用性、效率、可维护性、可移植性

B. 满足规定用户需求的能力

C. 最大限度达到用户满意

D. 软件特性的总和，以及满足规定和潜在用户需求的能力

（13）软件测试的对象包括（　　　）。

A. 目标程序和相关文档　　　　　　　B. 源程序、目标程序、数据及相关文档

C. 目标程序、操作系统和平台软件　　D. 源程序和目标程序

（14）软件测试类型按开发阶段划分（　　　）。

A. 需求测试、单元测试、集成测试、验证测试

B. 单元测试、集成测试、确认测试、系统测试、验收测试

C. 单元测试、集成测试、验证测试、确认测试、验收测试

D. 调试、单元测试、集成测试、用户测试

（15）V 模型指出，（　　　）对程序设计进行验证。

A. 单元和集成测试　　　　　　　B. 系统测试

C. 验收测试和确认测试　　　　　D. 验证测试

（16）V 模型指出，（　　　）对系统设计进行验证。

A. 单元测试　　　　B. 集成测试　　　　C. 功能测试　　　　D. 系统测试

（17）V 模型指出，（　　　）应当追溯到用户需求说明。

A. 代码测试　　　　B. 集成测试　　　　C. 验收测试　　　　D. 单元测试

（18）以下哪种测试与其余三种测试在分类上不同？（　　　）

A. 负载测试　　　　B. 强度测试　　　　C. 数据库容量测试　　　D. 静态代码走查

（19）白盒测试是（　　　）的测试。

A. 基于功能　　　　B. 基于代码　　　　C. 基于设计　　　　D. 基于需求文档

二、多选题

（1）以下哪些类型的文件可以通过数字签名加载到 IE？（　　　）

A. .dat　　　　　　B. .ico　　　　　　C. .exe　　　　　　D. .cab

（2）下列关于 alpha 测试的描述正确的是（　　　）

A. alpha 测试需要用户代表参加　　　　　　B. alpha 测试不需要用户代表参加

C. alpha 测试是系统测试的一种　　　　　　D. alpha 测试是验收测试的一种

（3）测试设计员的职责有（　　）。

A. 制订测试计划　　　　　　　　B. 设计测试用例

C. 设计测试过程、脚本　　　　　D. 评估测试活动

三、问答题

（1）找出下列函数存在的问题。

```
char *_strdup( const char *strSource )
{
    static char str[MAX_STR_LEN];
    strcpy(str, strSource);
    return str;
}
```

（2）写出恰当的 SQL 语句：Table1 是学生登记表，包括学生 ID、学生姓名、性别、学生班级等信息。Table2 是学生情况表，包括学生 ID、学生家庭住址等信息。请查询得到所有"姓张的女同学的家庭住址"，并按姓名的升序进行排列。

（3）请根据以下程序片段设计最少的测试用例实现条件覆盖。

```
If((A>1)AND(B=0))Then X=X/A
If((A=2)OR(X>1))Then X=X+1
Printf("X=%d", x)
```

（4）一套完整的测试应该由哪些阶段组成？分别阐述一下各个阶段。

（5）对于一个印有文字的水杯，请列出你能想到的测试用例。

20.3　技术面试题

20.3.1　某大型科技公司技术面试真题

（1）自我简要介绍。

（2）简述一下你目前从事的测试工作的流程。

（3）测试都有哪些分类？

（4）给出一个案列，现场让候选人设计测试用例。比如，用户登录的一个页面、一只笔的测试、一张纸的测试等，可以是开放式的，也可以是具体点的。

（5）你认为如何提高用例设计的覆盖度？什么样的用例设计算是好的用例设计？

（6）请谈一个你印象最深的测试项目，其中用了什么技术，遇见什么 blocker，你在其中的角色以及你如何做的。

（7）对于 Web 自动化测试，你都掌握哪些方法和工具？

（8）自己有没有 Web 自动化框架的开发？目前主流都有哪些自动化框架？简述一下它们的优缺点。

（9）非功能测试都有哪些？

（10）常用白盒测试都有哪些方法？

（11）开发人员严重延迟了交付给测试的时间，造成测试时间紧张，作为测试人员如何做才能不影响产品最终的交付日期？

（12）什么是回归测试？

（13）对于开发中间产生的 BUG 修复，测试人员如何有效地做回归测试？

（14）如何报告一个 BUG？你认为什么样的 BUG 描述算是好的样本？

（15）测试人员发现了一个 BUG，但是开发人员不认为那是一个真正的 BUG，作为测试人员你如何去做？

（16）产品上线前，用户接受性测试反馈不好，如果处理后续情况？

（17）假如你是一名测试管理者，如何制订团队的 KPI？

（18）假如你是一名测试管理者，如何给你的团队成员划分任务？

（19）假如你是一名测试管理者，对于测试中遇见的风险，你是如何管理的？

（20）对于产品上线后，用户真实环境发现了问题，作为测试负责人你该如何处理？直接将产品回退吗？

（21）进入功能测试阶段后开发又增加了新的需求，测试人员直接接受测试吗？

（22）第一个迭代不行，第二个迭代要怎么做？

（23）在整个产品生命周期中，测试从什么阶段介入更好？

（24）对于探索性测试，你所经历的项目有使用过吗?效果如何？

（25）简述传统软件开发和敏捷开发的优缺点。你认为敏捷开发的缺点是什么？

（26）你认为测试人员最重要的品质是什么？

（27）你未来 3~5 年的职业规划是什么样的？

（28）你所负责的测试模块开发人员态度比较差，在日常工作中你是如何跟他保持有效沟通的？

（29）你在测试工作中遇见自己不能解决的问题或者预见测试不能按时完成的风险，该如何处理？

（30）你在测试中发现了一个性能 BUG，但是开发人员告诉你这个问题在产品上线前也解决不了，你该如何处理？

20.3.2　某大型互联网公司技术面试真题

（1）请做一下自我介绍。

（2）说一下快排的思想。

（3）说说 Python 中深拷贝与浅拷贝的区别。

（4）请你对上一个项目业务模块做一个详细讲解。

（5）举例说明一个模块应该怎么设计测试用例。

（6）上线之后如果出了 BUG 会带来怎么样的影响？

（7）你在测试的时候使用数据库是怎么查询数据做对比的？用到了几张数据库表？

（8）说说你们当时这个系统设计了多少张表？

（9）金额（销售金额）在哪个表里面，这个字段名叫什么？

（10）在 HTTP 中，get 请求与 post 请求有什么区别？

（11）你是怎么做接口测试的？

（12）设计了多少接口测试用例？

（13）如何保证测试的整体覆盖率？代码覆盖率（覆盖）是多少？成功率是多少？

（14）App 测试需要关注哪些点？

（15）在 Jenkins 中怎么查看结果，怎么查看通过率？

（16）自动化脚本写了多少？什么时候（几月份）写的？

（17）1000 个线程同时运行，怎么防止不卡？

（18）写测试脚本中遇到最难定位的 BUG 是什么，最后怎么解决的？

（19）你在项目中处于什么角色，你们的工作流程是怎样的？

（20）谈一下项目整体架构。

（21）讲述一下你最熟悉的一个项目是怎么做的，具体用什么方法和测试工具。

20.3.3　某服务公司面试真题

（1）请做一下自我介绍。

（2）请问如何才能够全面地编写测试用例，主要从哪几个方面着手？

（3）请问全链路压测中的链路指的是什么？

（4）请问 HTTP 状态码中 305 和 401 分别代表什么？

（5）请问性能测试场景如何设置？

（6）在性能测试过程中你如何找出哪里需要关联，请给出所在项目的实例。

（7）请问你是如何理解 LoadRunner 中集合点、事务以及检查点等概念的？

（8）响应时间和吞吐率之间的关系是什么？

（9）时间紧，任务重，请问你如何保证上线后服务尽量没有问题？

（10）请写出 MySQL 中增删改查的基本 SQL？

（11）请简要描述性能测试的步骤。

（12）请问如何进行完整的数据核对和测试，主要用到哪些工具？主要包含哪些方面？

（13）你认为 UI 自动化测试有必要吗，为什么？UI 自动化主要应用于哪些场景？

（14）假如现在我们已经上线，100 个服务事项都是连接第三方接口，第三方接口非常不稳定，请问如何进行线上接口监控，你的方案是什么？

（15）请简述你对自动化测试的理解，列举一个熟悉的框架，并详细介绍它的设计模式以及实现方法。

（16）你在短期内的个人目标和职业目标分别是什么？

（17）你还有什么需要问的吗？

20.3.4　某大型软件公司面试真题

（1）请做一下自我介绍。

（2）内连接和外连接有什么区别？

（3）你都用过哪些数据库？

（4）SQL 中 group by 和 order by 有什么区别？

（5）在数据库中如何查看表结构和属性？

（6）你们公司进行自动测试吗？有什么优缺点？

（7）你们的文档是怎么进行测试的？

（8）你觉得软件测试工程师应该具备哪些素质？

（9）说说你近期的职业规划。

（10）给你一个发图片、发视频的功能，你需要测多久，具体每天都做什么？

（11）一个空白页面，你会怎么排查问题？

（12）在银行 ATM 取款机上取钱时，需要输入取款金额，请对此功能设计测试用例。

（13）不借助计算器，如何测试一个根号函数的正确性？请写出思路。

（14）说说你对自动化测试的理解。

（15）在自动化测试中，你对数据是怎么处理的，比如准备数据、清除数据。

（16）给你一种你从来都没接触过的协议开发出来的系统，你准备怎么测试。

20.3.5　某大型互联网公司面试真题

（1）请做一下自我介绍。

（2）介绍一下你最近做的最难的一个项目，主要难点在哪里？

（3）你们项目的测试流程是怎样的？

（4）你们的项目是如果进行版本控制的？

（5）怎么区分构建版本是分支版本还是主干版本？

（6）在 Linux 中怎么查找日志，怎么查看日志？

（7）在 Linux 下查看进程的命令是什么？

（8）如何更改文件为可读且所有人可以操作？

（9）chmod 777 是什么意思？

（10）简单地说一下 Python 中的深拷贝和浅拷贝。

（11）了解垃圾回收吗？

（12）unittest 都有哪些方法？

（13）setup 和 teardown 是做什么用的？

（14）Jenkins 打包流程是怎样的？

（15）开发上传代码后，测试部署 Jenkins 是怎么配置的？

（16）了解 k8s 吗，是怎么使用的？

（17）char 和 varchar 有什么区别？

（18）熟悉数据库吗？平时数据库用得多吗？怎么对数据进行排序？

（19）更改表结构并新增一个字段 int 型长度为 9。

（20）使用你熟悉的一种语言编写一个函数，用于交换两个变量的值（地址传递）。

（21）Selenium 和驱动是通过什么协议进行的？

（22）Selenium 的工作原理是什么？

（23）抓包工具都用过哪些？

（24）Fiddler 的抓包过程和原理是什么？

（25）还有什么需要问的吗？

20.3.6　某上市安全公司面试真题

（1）请对本公司软件管理功能进行测试，写出测试全部功能的测试用例。

（2）你用过本公司的软件吗？有什么建议和评价？

（3）如何设计安全软件才能符合用户需要？

（4）如何评测杀毒软件？

（5）文件系统都有哪些？相对应都能安装什么系统？

（6）内存溢出和内存泄漏有什么不同？

（7）要在一台计算机上安装 Windows 2000、Windows XP 和 Windows Vista 系统，并且设置默认启动系统为 Vista，有什么方案可以解决？

（8）你平时用什么远程桌面软件？在 Windows 系统下，要重启远程机器有几种方法？

（9）计算机中注销和重启有什么区别？

（10）如果一台机器不能联网，你认为可能是由哪些因素造成的？

（11）如果你的计算机出现蓝屏，那么可能是什么原因引起的，如何定位问题？

（12）如何测试驱动？

（13）系统常见的进程有哪些，都有什么作用？

（14）Windows 系统启动时都启动什么，顺序是什么？请详细描述。

（15）pending 是什么意思？

（16）你做过 P2P 测试吗？是如何搭建环境的？

（17）客户端测试是如何搭建环境的？

（18）PE 文件和非 PE 文件是什么意思，如何鉴定？

（19）请根据下面的描述写一个 BUG 报告。

有一个移动硬盘 1 分区无毒，2、3 分区有毒。插入后，系统没有扫描出病毒，并且杀毒软件主界面未显示。测试人员发现，杀毒软件在扫描完第一个分区后会出现一个扫描结果的界面，用户需要手动关闭后才能继续扫描。可能是什么原因造成的？

（20）你在测试过程中都用过哪些辅助工具？请描述几种不同类型的测试工具。

（21）安全模式是什么，有什么作用？

（22）如果有一个文件，杀毒软件无法删除，你将如何处理？

（23）进程、线程、协程分别是什么？如何查看线程？

（24）如果需要让 D:\test.txt 开机时自动化启动，有哪些方法？

（25）请列举 5 个常见的 HTTP 错误并说明原因。

20.3.7 某服务公司面试真题

（1）请做一下自我介绍。

（2）谈谈对白盒测试和黑盒测试的理解。

（3）谈谈对冒烟测试和回归测试的理解。

（4）简述你在以前的工作中做过哪些事情、比较熟悉什么。

（5）集成测试通常有哪些策略？

（6）值类型和引用类型有什么区别？

（7）谈谈面向对象编程中的继承。

（8）面向对象的测试用例设计有几种方法？如何实现？

（9）如何理解多态？

（10）方法重载就是方法名一样吗？

（11）编码时，怎么处理异常？

（12）循环语句中 continue 和 break 有什么区别？

（13）模糊查询时通配符是什么？

（14）进程和线程有什么区别，在 Linux 系统下怎么杀死进程？

（15）有一部电梯，请针对它上面的按键设计测试用例，说出测试点即可。

（16）你熟悉哪种编程语言？请写一个函数，给定一个字符串并将它反向输出。

20.3.8 某大型外卖公司面试真题

（1）请说一下你使用过的性能测试工具的工作原理。

（2）你认为性能测试工作的目的是什么，做好性能测试工作的关键是什么？

（3）一条缺陷记录都包含了哪些内容？如何提交高质量的缺陷记录？

（4）在以往从事的软件测试工作中，请结合你使用的缺陷管理工具描述软件缺陷跟踪管理的流程。

（5）你认为在测试人员同开发人员的沟通过程中如何提高沟通的效率和改善沟通的效果?维持测试人员同开发团队中其他成员良好的人际关系的关键是什么？

（6）在你以往的测试工作中，最不满意或者不堪回首的事情是什么，又是如何对待的？

（7）在即将完成这次笔试前，你是否愿意谈一些自己在以往的学习和工作中获得的工作经验和心得体会？

（8）你对测试最大的兴趣在哪里？为什么？

（9）你的测试职业发展是什么？

（10）你认为测试的优势在哪里？

（11）之前的测试流程是什么？

（12）当开发人员说不是 BUG 时，你如何应付？

（13）你为什么想离开目前的职务？

（14）你对我们公司的了解有多少？

（15）你找工作时，最重要的考虑因素为何？

（16）你觉得为什么我们应该录取你？

（17）请谈谈你个人的最大特色。

（18）白箱测试和黑箱测试是什么？什么是回归测试？

（19）单元测试、集成测试、系统测试的侧重点是什么？

（20）设计用例的方法、依据有哪些？

（21）一个测试工程师应具备哪些素质和技能？

（22）集成测试通常都有哪些策略？

（23）一个缺陷测试报告应该由哪些内容组成？

（24）基于 Web 信息管理系统测试时应考虑的因素有哪些？

（25）测试应该从什么时候开始？为什么？

（26）需求测试的注意事项有哪些？

20.3.9　某大型互联网公司面试真题

（1）阶段评审与同行评审的区别是什么？

（2）什么是软件测试，其目的是什么？

（3）简述集成测试的过程。

（4）白盒测试有哪几种方法？

（5）简述一下之前的项目流程。

（6）之前的项目有多少测试人员，分工如何？

（7）简述一下之前的项目 BUG 管理流程。

（8）简述一下 BUG 生命周期。

（9）当开发人员说不是 BUG 时，你如何应付？

（10）回归测试都需要考虑哪些因素？

（11）测试目标有哪些类型？

（12）你是如何保证测试的整体覆盖率的？

（13）你们是怎么进行文档测试的，怎么才能做好文档测试？

（14）alpha 测试与 beta 测试的区别是什么？

（15）你在之前的项目中测试兼容性吗？是怎么测试的？

（16）系统测试计划是否需要同行审批，为什么？

（17）编写一段程序，实现 1～100 之间的递归。

（18）负载测试、容量测试和强度测试有什么区别？

20.3.10　某大型金融公司面试真题

（1）请简单地做一下自我介绍。

（2）TCP 和 UDP 有什么区别？

（3）TCP 的三次握手和四次分手是什么意思？

（4）DNS 有什么作用？

（5）接口和抽象类有什么区别？

（6）你怎么理解测试这项工作？

（7）QTP 是怎么使用的？

（8）测试用例是怎么编写的？有哪些内容？

（9）你在设计测试用例的时候都用到了哪些方法？

（10）如何进行 BUG 分配和管理？

（11）说一些 Linux 常用命令。

（12）软件测试中都有哪些元素定位方法，使用最多的是哪个？

（13）TestNG 怎么使用？

（14）简单地说说事务（DB）的四大特性。

（15）给你一个登录模块，你会怎么进行测试？

（16）你是测试工程师，如何保证软件的质量？

（17）写一下冒泡排序。

（18）你都知道哪些排序算法，讲述一下各自的优缺点？

（19）你觉得一个测试工程师应该具备哪些素质和技能？

（20）请介绍一下你的实习经验。（应届生）

20.3.11　某知名视频网站面试真题

（1）请做一下自我介绍。

（2）对你最近做的项目做一下介绍。

（3）在此项目中你主要做了哪些工作？

（4）你们是如何进行接口测试的？

（5）接口测试用例是如何设计的？

（6）需要登录后才能进行发送请求的接口该怎么处理？

（7）HTTP 与 HTTPS 有什么区别？

（8）Get 请求和 Post 请求有什么区别？

（9）你都会哪些编程语言，熟悉哪种语言？

（10）请你说一下 Java 中 List 和 ArrayList 的区别。

（11）Java 中 wait 和 sleep 方法有什么区别？

（12）有两个字符串 A 和 B，A 字符串包括 1、3、5、7、9，B 字符串包括 2、4、6、8、10，现要求输出 1、2、3、4、5、6、7、8、9、10，说一下你实现的思路。

（13）Web 自动化中对于动态 id 的元素是怎么定位的？

（14）根据以下代码解答下面的问题：

```html
<html lang="en">
<body>
    <div id="nav">
        <ul>
            <li><a href="#">汽车</a>
                <ul>
                    <li><a href="#">奥迪 A6</a> </li>
                    <li><a href="#">道奇</a> </li>
                </ul>
            </li>
        </ul>
</body>
</html>
```

①　使用 xpath 定位"汽车"元素。

②　获取含有"奥迪"的所有元素。

③　对于菜单/导航，你是怎么定位操作的？

（15）用什么工具进行压力测试？如何设置线程组数量？

（16）你们项目多久进行一次压力测试？

（17）在服务器（Linux 系统）中怎么查看日志，命令是什么？

（18）有一个学生表，请插入一条姓名为"张三"的数据。

（19）数据库中的左连接、右连接是什么意思？

（20）数据库中的主键、外键是什么意思？

（21）给你一个项目，你该如何开展测试工作（例如 QQ）？

（22）是否接受加班？

参 考 文 献

［1］ 杨定佳. Python Web 自动化测试入门与实战［M］. 北京：清华大学出版社，2020.6.

［2］ 陈能挤. 软件测试技术大全：测试基础 流行工具 项目实战［M］. 北京：人民邮电出版社，2008.

［3］ ［日］上野宣. 图解 HTTP［M］. 于均良，译. 北京：人民邮电出版社，2014.5.

［4］ ［日］竹下隆史，［日］村山公保，［日］荒井透，等. 图解 TCP/IP［M］. 5 版. 乌尼日其其格，译. 北京：人民邮电出版社，2013.7.

［5］ 徐强. 面试加分项［M/OL］.（2016.11）［2020.12］. https://www.zhihu.com/pub/book/119552704.

［6］ 51testing 软件测试网. 2019 年·第十三届软件测试现状调查报告，（2020）［2020.12］.

［7］ 面试计算机基础知识点［M/OL］.（2019.9）［2020.5］. https://hadyang.github.io/interview/.

［8］ 反向面试参考问题［OL］.（2020.10）［2021.2］. https://github.com/yifeikong/reverse-interview-zh.

［9］ Boss 直聘网–测试工程师招聘信息［OL］.（2020.11）［2020.11］. https://www.zhipin.com/.

［10］ 拉勾网–测试工程师招聘信息［OL］.（2020.11）［2020.11］. https://www.lagou.com/.

［11］ 好职网–职场指南–面试［OL］.（2020.11）［2020.11］. http://www.haojob123.com/zhinan/mianshi/.

［12］ 牛客网–测试工程师求职面试题［OL］.（2020.11）［2020.11］. https://www.nowcoder.com/.

［13］ 233 网校–银行招聘面试辅导［OL］.（2020.11）［2020.11］. https://www.233.com/yhzp/mianfu/.

［14］ 暗–个人博客–面试题［OL］.（2019.4）［2020.11］. https://blog.csdn.net/butterfly_resting/category_8090126.html.

［15］ vermouth 后缀–个人图书馆［OL］.（2018.8）［2020.11］. http://www.360doc.com/userhome/58336894.